Tannen

Ein Portrait
von
Wilhelm Bode

NATURKUNDEN

Gewidmet meinen Enkelkindern
Tilda und Levi

NATURKUNDEN № 67

herausgegeben von Judith Schalansky
bei Matthes & Seitz Berlin

Inhalt

Portraits

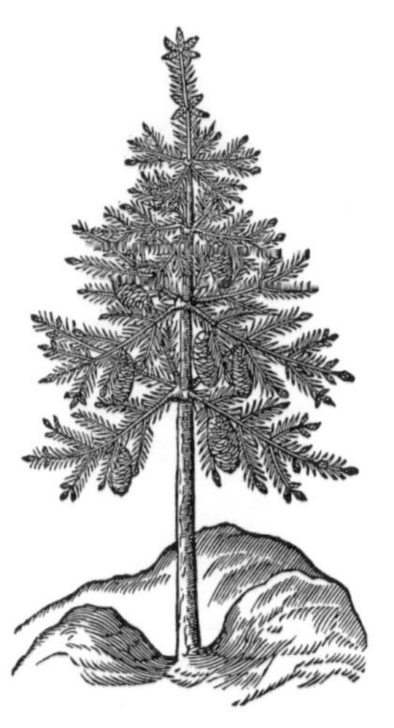

Geliebte Unbekannte

Die Deutschen lieben Bäume, doch ihr liebster ist ihnen unbekannt geblieben.

Dabei ist er seit mehr als 200 Jahren Lichterbaum, Treuebaum, Christbaum, ja sogar christlicher Weltenbaum in einem und wir bringen ihn alljährlich als Weihnachtsbaum in unser Wohnzimmer, wo er in der dunkelsten Zeit des Jahres Licht und Glanz, Nadelduft und unseren Herzen Wärme spendet. Auch wenn er als Gabenbaum zum Attribut eines kommerzialisierten Weihnachtsrummels geworden ist, bleibt er nahezu für jeden verbunden mit Erinnerungen an die eigene Kindheit.

Einmal im Jahr fühlen sich darum selbst Erwachsene ohne ihn, der in Wirklichkeit eine Sie ist, häufig ein Stück weit verlassen.

Es gibt sie schon längst aus Plastik – doch ehe wir gar ganz auf sie verzichten, nehmen wir sie auch so in Kauf, unsere geliebte Unbekannte! Auf diese unbekannte Liebe reimte der Frankfurter Lyriker, Satiriker und Karikaturist Robert Gernhardt (1937–2006), ein Joachim Ringelnatz unserer Zeit, ein Spott-*Rätsel*:

Da ist ein Baum,
ist immer grün,
wächst nicht in der Savanne.

Wächst da, wo Deutschlands Blumen blühn,
und winters auf ihm Kerzen glühn –
wie heißt der Baum?
»Marianne?«

So leicht ihr richtiger Name in diesem Vers zu erraten ist, so schwer macht sie es uns, im Wald erkannt zu werden. Die Tanne ist immergrün benadelt wie die meisten ihrer botanischen Verwandten, trägt Zapfen und wächst so kerzengerade wie die meisten ihrer Familie. Doch es gibt davon zu viele verschiedene, um sie auseinanderzuhalten, sagt sich der Laie beim Blick in unsere Gärten mit Koniferen aus aller Welt. Und ausgerechnet diese, allen gemeinsamen Merkmale besingen wir in dem einzigen Volkslied, das wirklich noch jeder kennt:

O Tannenbaum, o Tannenbaum,
wie treu (grün) sind Deine Blätter.
Du grünst nicht nur zur Sommerszeit,
nein, auch im Winter, wenn es schneit.
O Tannenbaum, o Tannenbaum,
wie treu (grün) sind Deine Blätter.

O Tannenbaum, o Tannenbaum,
du kannst mir gut gefallen.
Wie oft hat nicht zur Weihnachtszeit
ein Baum von Dir mich hocherfreut!
O Tannenbaum, o Tannenbaum,
du kannst mir sehr gefallen.

O Tannenbaum, o Tannenbaum,
dein Kleid will mich was lehren:

Unter Fanfarenstößen wird die Axt an eine der letzten mächtigen Weißtannen im Thüringer Wald gelegt. Friedrich Preller der Ältere, Fällung des ersten Baumes für den Schlossbau, *Mitte des 19. Jahrhunderts.*

Die Hoffnung und Beständigkeit
gibt Trost und Kraft zu jeder Zeit.
O Tannenbaum, o Tannenbaum,
dein Kleid will mich was lehren.

Der Text dieses populären Weihnachtsliedes, meinem Empfinden nach eines der schönsten Volkslieder, hat etliche Wandlungen erfahren, bevor er zum Kernbestand deutschen Liedgutes wurde. Er geht zurück auf ein vom evangelischen Komponisten Melchior Franck (1579–1639) in seiner Liedersammlung zitiertes schlesisches Volkslied.

Im *Deutschen Liederhort* aus der Mitte des 19. Jahrhunderts, der nach seinen Herausgebern kurz *Erk-Böhme* genannt wird, den Brüder Grimm des deutschen Liedgutes, findet sich das Lied als Fragment unter dem Titel *Es hieng ein Stallknecht seinen Zaum*. Wenn es auch noch keinen Bezug zum Weihnachtsfest hat, so wird doch das Immergrüne des Tannenbaums darin bereits besungen:

O Tanne! du bist ein edler Zweig,
Du grünest Winter und die liebe Sommerzeit.
Wenn alle Bäume dürre sein,
so grünest du, edles Tannenbäumelein.

Ebendieses Motiv wurde bereits Anfang des 19. Jahrhunderts in einem westfälischen, niederdeutschen Lied aufgegriffen und lieferte August Zarnack (1777–1827) die Vorlage für ein Liebeslied, in dem die beständige Tanne in der ersten Strophe in sinnbildlichen Gegensatz zur untreuen Geliebten gestellt wird. Der

Leipziger Organist Ernst Anschütz (1780–1861) verwandelte es durch das Hinzufügen zweier weiterer Strophen in ein Weihnachtslied, das noch immer von der ursprünglichen Liebesbotschaft seines Vorgängers durchdrungen ist.

Die Melodie wiederum geht auf das 16. Jahrhundert zurück, war zunächst ein Zimmermanns- und spätestens ab 1799 dann ein Trink- und Studentenlied. Sie ist so eingängig, dass sie bis heute weiterlebt, wenn auch mitunter eigenwillig und lautstark schräg intoniert. Die einprägsame Tonfolge war seit jeher der Grund, Spotttexte mit ihr zu unterlegen, sei es zur Abdankung von Kaiser Wilhelm II. oder von Schülerwitzen. Sie brachte es ihrer Einfachheit wegen sogar zur Nationalhymne mehrerer amerikanischer Bundesstaaten, von Michigan, Iowa, Maryland und Florida, und schlussendlich zum Kampflied der Internationalen Arbeiterbewegung. Es ist das Zusammenspiel vom Lob des Immergrünen und einer Ohrwurmmelodie, die *O Tannenbaum, o Tannenbaum* unsterblich macht.

Trotz einer inbrünstigen Baumverehrung ist den meisten die heimische Tanne (*Abies alba*) eine Unbekannte, denn zu Weihnachten besingen wir seit alters her unwissentlich fast ausschließlich andere Nadelbäume, bis etwa in die 70er-Jahre sogar überwiegend die gemeine Rotfichte, eine entfernte Verwandte und ein Allerweltsbaum aus unseren naturfernen Wirtschaftswäldern. Sie ist nicht erst seit dem Klimawandel zu einer milliardenfachen forstlichen Zukunftslast geworden. Wofür die Fichte freilich nichts kann, sondern allein die Forstwirtschaft verantwortlich ist, die sie leichtfertig und wider besseres Wissen im Flachland und in submontanen Hügellagen

Der deutsche Wald ist von Natur aus arm an Baumarten. Neben den seltenen Tannen nehmen heute allein Fichten, Kiefern und Lärchen die Hälfte seiner Fläche ein.

ansiedelte, die ihr nicht zusagen und wo sie heute dem Klimawandel erliegt.

Denn die gedankenlose Anpflanzung der Fichte freut besonders die durch die ansteigenden Temperaturen begünstigten natürlichen Antagonisten, namentlich die wenige Millimeter großen Borkenkäfer. Sie machen sich seit einigen Jahren wie ein Milliardenheer über sie her. In den höher gelegenen heimischen Bergmischwäldern konnten sie bislang noch nichts anrichten, weil sie mindestens vier Generationswechsel in einer Vegetationsperiode brauchen, um sich in ein gefräßiges Heer zu verwandeln. Der Borkenkäferbefall ist also schlicht ein selbst verursachtes Problem der Forstwirtschaft durch die flächendeckende Anpflanzung der Fichten im wärmeren Hügel- und Flachland mit seinen kurzen Wintern.

Doch auch der spätestens jetzt anstehende Abschied von der Ersatztanne Fichte wird unserer Weihnachtskultur in der Zukunft keinen Abbruch tun. Bereits seit den 70ern ermöglichte der Wohlstand, die ziemlich stachlige Fichte, die in der geheizten Wohnung schnell zu nadeln beginnt, durch eine kaukasische Tanne, die sogenannte Nordmannstanne, zu ersetzen – ungeachtet ihres deutlich höheren Preises für den kurzzeitigen Lichterglanz. Sie kommt aus eigens dafür angelegten Baumplantagen, die den Weihnachtsbaum-Bauern veritablen Gewinn einbringen. Ihre am Zweig seitlich gescheitelten Nadeln fühlen sich weich an und nadeln kaum – eine Eigenschaft, die den Herstellern von Staubsaugern ein technisch bis dahin nur unzureichend gelöstes Problem abnahm.

Der herzerwärmende Brauch des immergrünen Lichterbaums ist unzweifelhaft eine deutsche Erfindung, die unter anderem dazu beitrug, dass die Deutschen glaubten, sich besonders mit dem Wald verbunden zu fühlen. Die Tradition stammt aus dem Oberrheingraben, dem Grenzgebiet zwischen Schwarzwald und Elsass, und wurde erst um 1800 zunächst vom Adel und bald darauf in ganz Europa übernommen. Sie wurzelt in dem Immergrün der Tanne, eine Eigenschaft, die bereits in der Antike die Verwendung von Buchsbäumen, Stechpalmen, Fichten oder Föhren für Kultzwecke in der vegetationslosen Jahreszeit nahegelegt hatte, wenn auch noch nicht als weihnachtlicher Lichterbaum.

Es war die heimische Weißtanne, die man als erste zum Weihnachtsbaum machte, denn eben dort, im Oberrheingraben, gab es sie in den angrenzenden Vogesen und dem Schwarzwald recht häufig. Sie war die heimische, die Gebirgswälder prägende Nadelbaumart neben der unbedeutenderen Fichte in den natürlichen Laub-Nadel-Bergmischwäldern mit Buchen und Ahorn. Das waren Mischwälder, wie sie sich Waldbesucher und Naturschützer schon immer wünschten – und das werden sie auch angesichts des Klimawandels in den Gebirgs- und sogar Hügellandschaften der Zukunft tatsächlich sein – sogar mit der Tanne vermutlich.

Ausgerechnet die gemeine Fichte trug maßgeblich dazu bei, die Tanne aus ihren natürlichen Wuchsgebieten zu verdrängen, und landete wie ein Wesen von einem anderen Stern in unserer Wohnstube. Im Flach- und Hügelland ein standortfremder Exot, der von Natur aus nicht dahin gehörte, kündete sie nicht nur für Caspar David Friedrich (1774–1840), den präzisen Beobachter und bekanntesten romantischen Maler des 19. Jahrhunderts, von der ›Neuen Zeit‹, der Aufklärung. Für

Auf dem Tetschener Altar *von Caspar David Friedrich (1807/1808) wendet sich Christus vom Betrachter ab und der Vergangenheit, der untergehenden Sonne, zu. Die Fichten erklimmen den Berg als Vorboten einer ungewissen Zukunft.*

ihn war die Fichte der marschierende Vorbote unaufhaltsamer Veränderungen nicht nur des Waldes an der Schwelle zur Waldbauzeit durch die ›rationelle Forstwirtschaft‹, sondern des tiefgreifenden Wandels der heimatlichen Landschaft und des biedermeierlichen Lebens, sowie eine Bedrohung seiner tiefen Gläubigkeit. Sie war für ihn die pflanzliche Personifizierung des aufklärerischen Furors kalter Rationalität, die Verkörperung des Gedankenguts eines Baron de Montesquieu, René Descartes, John Locke, Immanuel Kant, Adam Smith, Napoleon Bonaparte u. v. a. Doch sie verkörperte nicht nur die allgegenwärtige Veränderung der Landschaft, sondern machte Tannen und Buchen auch tatsächlich deren natürlichen Platz im Wald streitig im Namen eben dieser ›rationellen‹ Forstwirtschaft.

Als Friedrich 1807/1808 eines seiner berühmtesten Gemälde schuf, den Tetschener Altar, wusste er, der sich bisher vor allem im tannenfreien Norden aufgehalten hatte, noch nicht die feinen Unterschiede in der Gestalt junger Tannen und Fichten zu erfassen. In seiner eigenen Bildbeschreibung heißt es: »Immergrün, durch alle Zeiten während, stehen die Tannen um das Kreuz wie die Hoffnung der Menschen auf ihn, den Gekreuzigten« – obwohl er doch Fichten gemalt hatte. Sie erklimmen auf dem Tetschener Altar wie Eroberer die Spitze des Berges, auf dem der Gekreuzigte sich vom Betrachter ab- und der untergehenden Zeit, der Abendsonne, zuwendet. Das Gemälde war ein öffentlicher Skandal erster Ordnung und veranlasste den Kammerherrn Basilius von Ramdohr, den führenden Kunstkritiker der Zeit, zum empörten Ausruf: »Alle Regeln der Optik sind verletzt! Man sieht den Wald vor lauter Reisern nicht.«

Es waren Fichten, die tatsächlich die Landschaft tiefgreifender als in tausend Jahren zuvor veränderten. Caspar David Friedrich malte sie im Verlauf seines späteren Lebens nicht zufällig immer wieder. Zu eben jener Zeit, die den Deutschen später eine besondere Beziehung und romantische Liebe zum Wald andichtete. Doch während Dichter, Maler und Komponisten begannen, Kobolde und andere Märchengestalten sowie ihre eigene Seele im Waldesdunkel zu suchen, wurden zeitgleich die Reste der natürlichen Wälder durch die ›rationelle‹ Forstwirtschaft gründlich beseitigt. Eine Forstwirtschaft, die sich angeblich der Nachhaltigkeit verschrieben hatte, aber nur die Einnahmen merkantilistischer Fürstentümer durch Steigerung der Nutzholzversorgung vermehren wollte. Weder der Wald noch die sozialen Bedürfnisse der Landbevölkerung oder das Landschaftsbild der Heimat waren für sie dabei von Interesse. Tatsächlich hängt diese damals wie heute den Deutschen nachgesagte Waldliebe mit dem Verlustgefühl ihrer romantisch anmutenden Waldheimat zusammen. Sie zeigt sich in Friedrichs Werk als wehmütiger Nachruf und nicht als immergrüner Hoffnungsschimmer auf eine unbekannte Zukunft. Der Wald wurde also erst romantisches Motiv, als die natürlichen Wälder im Dienst aufklärerischer Zukunftsverheißung zerstört wurden, und gerade deshalb. Die Romantik spiegelte die um sich greifende Angst vor dieser Veränderung und dem mit ihr einhergehenden Verlust des Heimatlichen und Gewohnten wieder. Das war ihr Kern, den Caspar David Friedrich im Tetschener Altar mithilfe einer Metapher, nämlich der Fichte, zum Motiv erhob, obwohl er sie für Tannen hielt. Die später berühmt gewordene ›German Angst‹ hat aktuell wieder einmal leichtes Spiel angesichts vermeintlicher Überfremdung, voranschreitender Globalisierung, allgegenwärtiger Digitalisierung, dem überall spürbaren Klimawandel und vielem mehr. Sie findet sich damals wie heute im Schlagwort vom ›Heimatverlust‹ wieder.

Sind die Samenschuppen der Tanne verweht, ragt allein die nackte Spindel in den Himmel. Der Zeichner verwechselte hier allerdings den Weißtannenzweig mit dem der Pazifischen Edeltanne, um 1885.

In jener Zeit gründet auch die Verwechslung von Weißtannen und Rotfichten, die Caspar David Friedrich selbst im Laufe seines Schaffens zu unterscheiden lernte, im Volksbewusstsein aber bis heute fest verankert ist. Wer erkennt schon den geliebten Tannenbaum an seinen botanischen Merkmalen? Der ›Dannebaum‹ bezeichnete in Sachsen die Föhre und mit dem Wort ›Tannenbäume‹ waren in nahezu sämtlichen Mittelgebirgen später Fichtenwälder gemeint. Die Förster widersprachen dem Volksmund nicht, als der aus der Fichte die ›Rottanne‹ machte. Die Weißtanne von der Fichte botanisch zu unterscheiden, ist allerdings ziemlich einfach, denn ihre Zapfen stehen auf den Zweigen und hängen nicht herab; ihre Nadeln sind weich und flach, nicht vierkantig und stachelig wie die der Fichte. Auch die Silhouette einer alten Tanne gibt sich noch auf große Distanz dem ungeübten Laien zu erkennen, bildet sie doch als einzige Konifere eine typische Storchennestkrone, die sie von der spitzkronigen Fichte unterscheidet.

Wie hartnäckig sich das Unwissen über die Weißtanne hält, zeigt sich in verblüffender Weise am Beispiel der in Südwestdeutschland beliebten Biermarke *Tannenzäpfle* aus der Brauerei Rothaus im Schwarzwald, der immer noch tannenreichsten Region Deutschlands. Das Flaschenetikett ihres erfolgreichen *Tannenzäpfle*-Biers zeigt unverwechselbar – Name hin, Name her – einen Zweig mit hängenden Fichtenzapfen. Autorinnen von Kinderbüchern schicken derweil ihre junge Leserschaft zum Sammeln von Tannenzapfen in den Winterwald und Schwarzwald-Reiseführer ermuntern gar zum ›Burgenbauen mit Tannenzapfen‹. Doch die Zapfen der Tanne liegen nicht auf dem Waldboden herum, sie zerfallen vielmehr auf dem Zweig. Ihre Samenschuppen lösen sich nach der Samenreife und hinterlassen lediglich eine gerupfte Spindel, die nichts mehr mit einem Zapfen gemeinsam hat, sondern eher einer Kerze am weihnachtlichen Lichterbaum gleicht. Und nicht einmal diese Spindeln fallen vom Baum, sie zersetzen sich allmählich am Zweig – was ein wesentliches Unterscheidungsmerkmal aller Tannen, der Unterfamilie *Abietoideae,* ist. Zapfen, die herunterfallen und die man verbrennen kann, stammen immer von Kiefern und Fichten.

Auch die Bezeichnung des Vogels ›Tannenhäher‹ geht auf einen Irrtum zurück, wie so viele andere im Zusammenhang mit der Tanne. Der Vogel ist bei uns zwar bisweilen im Tannen-Bergmischwald anzutreffen, tatsächlich aber ein weit verbreiteter, mittelgroßer Rabenvogel, dessen Lebensraum von Japan über den borealen Nadelwald mit Fichte und Kiefer bis in die Westalpen reicht. Die Tanne muss also nicht nur für märchenhafte Erzählungen, sondern auch für manifeste Irrtümer herhalten. Ich möchte daher etwas Licht ins Dunkel unseres schönsten und darum auch Edeltanne genannten Baums bringen. Und damit auch ein wenig Licht ins Dunkle unserer angeblich ›typisch deutschen‹ Waldliebe sowie unserer Forstgeschichte mit ihrer heutigen Forstwirtschaft, die dieses Waldmärchen aus Eigennutz nur zu gerne weiterspinnt.

Die Zeit der Romantik war also die Geburtsstunde des sogenannten Altersklassenwaldes aus meist in Reih und Glied angepflanzten und darum gleichaltrigen Fichten- oder Kiefern-Monokulturen. Eine Anbauweise, die dem Ackerbau zum

Verwechseln ähnlich ist, sieht man von der ungleich längeren Produktionszeit infolge der Langsamkeit des Baumwachstums ab. Doch dieser Einfach-Waldbau entspricht der Tanne von Natur aus nicht; sie braucht das natürliche ›Mehrgenerationenhaus‹ der Wälder, um im Schutz seines Halbschattens sehr langsam heranzuwachsen. Zudem ist sie bei Spätfrösten auf der Freifläche extrem gefährdet. Tannen belohnen dieses langsame Heranwachsen mit einer dynamischen Stabilität bis in ihr höchstes Alter von bis zu 600 Jahren. Mit seinem Lehrsatz ›Vita celer, vita brevis‹ fasste der amerikanische Botaniker Raymond Pearl (1879–1940) seine Erkenntnis zusammen, dass schnelleres Wachstum organisch zu einer kürzeren Lebensdauer führt; so insbesondere bei unseren Bäumen, erwachsen auf der Freifläche im unnatürlichen Altersklassenwald. Für die Tanne ist eine lange, geschützte Jugendzeit lebensnotwenig, ja alternativlos.

Diese Langsamkeit und Schutzbedürftigkeit machen sie für den Waldanbau der Altersklassen-Forstwirtschaft ungeeignet, bieten aber zugleich in Zeiten des Klimawandels eine große Chance für den Waldbau der Zukunft. Sie war einmal der Vorbote des in Forstkreisen so genannten Waldsterbens ›1.0‹, mit dem die bedrohlichen Schäden durch die Luftverschmutzung im Wald vor circa 50 Jahren von den Waldbesitzern in Abgrenzung zum aktuellen Waldsterben ›2.0‹ heute bezeichnet werden. Das ›Tannensterben‹ signalisierte damals, am Ende der 60er-Jahre des 20. Jahrhunderts, dass der Wald die Emissionen der Gesellschaft nicht länger ertrug, und bedingte die frühe Waldschadensforschung. Sie führte schlussendlich zur modernen, auch unsere eigene Gesundheit schonenden Emissionspolitik grenzüberschreitender Luftreinhaltung. Die Tanne dankte es auch als erste Baumart mit einer deutlichen Verbesserung ihrer Vitalität und wurde, wie später die internationale Vereinbarung zur Bekämpfung des Ozonlochs, das Montreal-Abkommen, zum Meilenstein für eine global verantwortliche Atmosphären-Politik.

Die Tanne ist gerade mit Blick auf den Klimawandel der Nadelbaum der Zukunft – ist sie doch in regenarmen Sommern im Schatten des Waldesinneren bemerkenswert trockenresistent. Dass sie nacheiszeitlich nicht in den Norden Deutschlands vorgedrungen ist, hat vermutlich mit dem Menschen zu tun, dessen jungsteinzeitliche Besiedlung sehr rasch vonstatten ging und so die weitaus gemächlichere Tanne daran hinderte, sich auszubreiten. Wir dürfen vermuten, dass sie andernfalls auch im Hügelland heimisch geworden wäre, wo sie inzwischen unter Buchen angepflanzt wird. Und selbst die im Tiefland der polnischen Ebene und in Ostfriesland angepflanzten Tannen zeigen sich als relativ beständig, sogar bei Sommertrockenheit.

Die Tanne, unser Lichterbaum, ist deswegen mittlerweile nicht nur ein Wegweiser für die Forstwirtschaft, sie könnte sogar zur Baum-Ikone für eine global verantwortliche Umweltpolitik und zum Emblem eines anderen Umgangs mit dem Wald werden. Ja, wenn die Forstwirtschaft endlich verstünde, die Wälder als ein ›Kontinuum aus Raum und Zeit‹ zu erkennen und nicht mehr bestandsweise und schematisch, sondern nur noch einzelbaumweise zu nutzen; also den Wald als Waldökosystem zu begreifen, den man stetig und kontinuierlich, nämlich als Dauerwald, sensibel bewirtschaften muss, um seine biologische Leistungsfähigkeit trotz Nutzung zu erhalten und

Vater, Sohn und Hund sind sind sich einig: Es ist der schönste Baum für die eine Nacht der Herrlichkeit. Franz Krüger, Vorweihnacht, *19. Jh.*

nicht planmäßig, periodisch zu vernichten und wieder neu anzupflanzen.

Rainer Maria Rilke (1875–1926) hat die unverstandene Sensibilität der Tanne, die von Förstern deswegen als ›Mimose des Waldes‹ bezeichnet wird, schon viele Jahrzehnte vor dem ›Waldsterben‹ in dem wohl schönsten Adventsgedicht deutscher Lyrik nachfühlend in Worte gefasst:

Advent

Es treibt der Wind im Winterwalde
Die Flockenherde wie ein Hirt,
und manche Tanne ahnt, wie balde
sie fromm und lichterheilig wird;
und lauscht hinaus. Den weißen Wegen
streckt sie die Zweige hin – bereit,
und wehrt dem Wind und wächst entgegen
der einen Nacht der Herrlichkeit.

Geduldig, und darum ewig jung

Nähert man sich einem Tannen-Buchen-Fichten-Plenterwald in der Schweiz oder im Schwarzwald, wird man von dem Anblick regelrecht erschlagen: So gewaltig können – oder besser könnten – über 200-jährige Wirtschaftswälder auch bei uns aussehen. Regennasse, schwärzlich wirkende Tannen- und Fichtenkronen verleihen mit ihren Nebelschwaden dem Wald etwas Unheimliches, Dunkles, aber auch Warmes und Geborgenes. Es ist, als atmeten sie den Hauch der Ewigkeit. Dieser Eindruck ist in den wenigen noch erhaltenen und von Weißtannen geprägten Urwäldern Europas, die betreten zu dürfen man nur selten das Glück hat, noch weitaus überwältigender. Die Kronen der dann mindestens 350 bis 450 Jahre alten Tannen überragen die etwa gleichaltrigen Altfichten um 10 bis 15 und die der 150- bis 200-jährigen Buchen um 15 bis 20 Meter, obwohl Letztere in unseren juvenilen Wirtschaftswäldern uns bereits wie gotische Dome vorkommen. Mit rund 160 Jahren erreichen Buchen nämlich bei uns Stammdurchmesser von 60 bis 80 Zentimetern und Baumhöhen von 35 Metern und erscheinen uns dann bereits wie Riesen. Es gibt noch solche letzten Reste von Urwald, wenn auch nicht in Deutschland, so doch auf dem nahen Balkan und auf weitaus größeren Flächen in den Karpaten.

Die 50 bis 60 Meter hohen Alttannen, ihre Silhouetten mit den mächtigen, abgeflachten Storchennestkronen und ihre

Gewaltige Beschützer. In den süddeutschen Gebirgen überschirmten einst die mächtigen Storchennestkronen der Weißtannen, die aus

den Mischwäldern hervorragten, die waldgebundenen, frühen Gewerbebetriebe, hier eine Wassermühle um 1879.

silbrig schimmernden Stämme, an denen unser Blick Schwindel erregend gen Himmel gleitet, wecken unweigerlich das Gefühl, sich in einer fernen, noch zivilisationsfreien Vorzeit zu befinden. An regnerischen Tagen gewinnt man den Eindruck, als seien die hoch aus dem Wald ragenden Tannen die natürliche Verbindung zwischen der festen Erde, auf der man steht, und der Sphäre des wolkenverhangenen Himmels. Ihre sich sonst deutlich abzeichnenden Konturen verschwimmen in den Regenwolken und scheinen sich den Sinnen ins Unendliche und Unfassbare entziehen zu wollen. Sie erinnern jeden Betrachter an den Sekundenschlag der eigenen Existenz. Man spürt einen Zeitenwandel, wird kurzerhand in die Urzeit katapultiert; was manche wohl als ›Zurückbeamen‹ bezeichnen würden. Und sie hätten sogar recht damit, denn Tannen sind die erlebbaren Zeitzeugen der Geburt unseres Pflanzenreichs vor ca. 250 bis 280 Millionen Jahren.

Es ist die Zeit des Perms, die letzte Periode des Erdaltertums und der Beginn des Erdmittelalters. Eine Zeit, als an uns Menschen noch nicht zu denken war. Ja, noch nicht einmal die Landmassen waren auf die fünf Kontinente verteilt. Erst im Unterperm setzte die sogenannte ›Kontinentaldrift‹ ein, die bis heute nicht zum Stillstand gekommen ist. Die dadurch voneinander getrennten, über alle Erdteile verstreuten, sich jeweils eigenständig entwickelnden Tannenarten sind die lebenden Zeugen dieses Abschnitts der Erdgeschichte. In Europa haben wir infolge der Eiszeit, also der jüngsten Periode, nur noch drei Tannenarten. Es sind die Spanische und die Griechische Tanne, die bis zum heutigen Tag in den schon damals eisfreien südlichen Gebirgen vorkommen. Und unsere heimische Tanne, die

Weißtanne, die sich damals auf den eisfreien Balkan, in die Pyrenäen und den Apennin zurückzog. Sie wanderte erst in der Warmzeit in den Norden zurück. Sie ist durch und durch eine waschechte Europäerin und nirgendwo sonst auf dem Globus zu finden.

Fossile Relikte belegen, dass unsere Weißtanne bereits vor etwa 2,5 bis 5,5 Millionen Jahren existierte. Die Gattung Tannen gehört zur Unterfamilie der Tannengewächse (*Abietoideae*), die ihrerseits zur Familie der Kieferngewächse (*Pinaceae*) gezählt werden. Der Gartenfreund spricht von Koniferen, also von ›Kiefernartigen‹, und bezeichnet damit unwissentlich diese wissenschaftlich ebenso genannte ›Ordnung‹ der wenigen, noch vorhandenen Spezies, die zu der Klasse der *Coniferopsida* gehören. Diese Einordung der Tannen macht deutlich, dass sie stammes- und erdgeschichtlich nicht nur die ältesten Nutzpflanzen repräsentieren, sondern dass viele ihrer vorausgehenden und nah verwandten Gattungen seit 250 Millionen Jahren im Verlauf der Erdgeschichte ausgestorben sind. Sie sind, wie alle Koniferen, *Gymnospermen*, was ›Nacktsamer‹ bedeutet, also schlicht die Art und Weise ihrer Samenbildung bezeichnet. Sie zählen zu den wenigen Überlebenden einer ursprünglich riesigen Klasse mit gerade noch 500 Reliktvertretern von einstmals Hunderttausenden Nacktsamern und sind darum nur mit einem anderen bekannten Fossil, dem Ginkgo, vergleichbar.

Die Entwicklung der Nacktsamer geht der für unsere Kultur und Ernährung bedeutend wichtigeren Klasse der Bedecktsamer um immerhin rund 150 Millionen Jahre voraus. Nacktsamer meint, dass die Samenanlage einer Pflanze nicht von einem Fruchtknoten umschlossen wird. Aus ihm entwickelten die erdgeschichtlich jüngeren Bedecktsamer später ihre Samenfrüchte, von denen wir Menschen uns ernähren. Zu ihnen zählen alle Beeren, Früchte und Gemüsesorten sowie insbesondere die Süßgräser, die als Getreidearten (z. B. Reis, Hafer, Weizen, Mais, Roggen und so weiter) dem Menschen und seinen Haustieren als Hauptnahrungsquelle dienen. Wir Menschen nutzen die nacktsamenden Koniferen, vorwiegend Kiefern, Lärchen und Fichten, zwar kaum zur Ernährung, sondern vor allem zur Holzerzeugung, warum sie mehr als die Hälfte unseres Waldes dominieren. Koniferen liefern uns sowohl den Faserrohstoff für Papier und für Billigmöbel als auch das Bau- und Konstruktionsholz für unsere Häuser und Hausdächer. Letzteres wurde noch vor weniger als zwei Jahrhunderten häufig aus in der Ebene und im Hügelland wachsenden Eichen oder aus den Tannenwäldern der süddeutschen Gebirge gewonnen. Und immer häufiger sind Koniferen, weil sie kein Laub abwerfen, als Schweiß sparende Exoten, nämlich als wintergrüne Ziergehölze in den häufig sterilen Hausgärten anzutreffen.

Alle Pflanzen der Erde haben jeweils besondere Eigenschaften, ja Charaktereigenschaften, die sie für uns Menschen lebensnotwendig machen. Das gilt ganz besonders für die Bäume, weshalb die aktuelle Sorge um ihre weltweite Gefährdung – nicht nur am fernen Amazonas, sondern auch direkt vor unserer Haustür – mehr als berechtigt ist. Es ist für jeden unerlässlich, ein wenig mehr über sie zu wissen, um uns in unserem eigenen Interesse für sie einsetzen zu können. Sich mit der Weißtanne zu beschäftigen, lohnt sich ganz besonders, denn sie versinnbildlicht wie nur wenige Bäume das Paradox der vermeintlichen Waldliebe der Deutschen und ihrer gleichzeitig eklatanten Unkenntnis von ihren heimischen Bäumen.

Die Nadeln von Fichte und Weißtanne sind tatsächlich unverwechselbar, wenn man nur etwas genauer hinsieht. Sind die Fichtennadeln stachelig, kurz, vierkantig und spitz, stehen die Tannennadeln dagegen weich, stumpf und flach, wie in zwei Reihen links und rechts des Jahrestriebs des Sprosses. Zwar wachsen sie quirlig, das heißt rund um den Trieb wie ein kleiner Strudel, sind aber nach beiden Seiten hingebogen, weswegen der Eindruck entsteht, sie seien gescheitelt. Ihre Oberseite ist glänzend und saftig grün, während ihre Unterseite zwei deutlich sichtbare, silberweiße Streifen zeigt, die sich bei näherem Hinsehen in dichte Reihen weißer Pünktchen auflösen. Es sind Wachstüpfelchen, die Stomata, die die mikroskopisch kleinen Spaltöffnungen geschmeidig halten. Eine solche, wenn auch weniger deutliche Reihe lässt sich zwar auch an der Fichtennadel ausmachen, ist aber bei ihr auf jeder der vier Nadelseiten zu finden. Die winzigen Spaltöffnungen der Pflanzen werden umgangssprachlich auch als ›Münder‹ bezeichnet, weil die Bäume damit atmen und Wasser verdunsten, um den Nährstofftransport in ihren Gefäßen aufrechtzuerhalten. Sie sind lebensnotwendige Organe im Austausch mit der umgebenden Luft, die sie durch Verdunstung, die sogenannte Transpiration, anfeuchten und der sie Kohlendioxid entnehmen und Sauerstoff ausatmen. Finden sich auf der Fichtennadel nur maximal vier Jahrgänge, kann man an der Tanne acht bis elf Jahrestriebe zählen. Zieht man zudem einem Jahrestrieb der Tanne ein Nädelchen aus, bleibt immer ein millimetergroßes, rundes

Die nur in Algerien vorkommende numidische Tanne (Abies numidica) *ist der nordafrikanische Schönling unter den Tannen.*

bis ovales Rindenstückchen an der ausgerupften Nadel hängen, das ›Tannenfüßchen‹. Diese Nadelprobe ist eine echte ›Nagelprobe‹, um letzte Zweifel zu verjagen. An ihren Blättern und Nadeln sollt Ihr sie erkennen!

Aber das Fichte und Tanne gemeinsame Immergrün und ihr gerader, pyramidaler Wuchs, die beide in ihrer jugendlichen Silhouette auf den ersten Blick so ähnlich aussehen lässt, macht es uns dann doch wieder schwer. Die stehenden Zapfen der Tanne sieht man ja selten, weil sie in luftiger Höhe wachsen. Entsprechend ihrer im Vergleich zum Menschen ewig anmutenden Lebenserwartung werden Bäume deutlich später geschlechtsreif: die zwittrigen Tannen erst mit 50 bis 60 Jahren, und wenn sie im Schatten von Altbäumen heranwachsen, sogar noch viele Jahrzehnte später. Und da alle unsere Nadelbäume in diesem Alter meistens bereits haushoch gewachsen sind, sehen wir ihre weiblichen und männlichen Zapfen vom Boden aus nur mithilfe eines Fernglases, zumal sie nur auf der oberen, besonnten Hälfte der Krone angesiedelt und zu entdecken sind. Dort oben lösen sie sich nach der Samenreife auf dem Zweig auf und geben ihre winzigen Samen frei, die mit einem kleinen Flügelchen auf ihrer Deckschuppe aus luftiger Höhe in die Welt getragen werden. Tannen bilden ihre Samen etwa alle vier oder fünf Jahre aus, und damit seltener als Fichten.

Es ist nicht abwegig, den Lebensgang einer Tanne, also ihren individuellen Lebensweg, mit dem von uns Menschen zu vergleichen. Er beginnt in der Kinderstube. Die der Tanne steht im nördlichsten, ihrem deutschen Verbreitungsgebiet, nämlich im submontanen bis montanen Bereich oberhalb von 400 bis 500 Metern Meereshöhe. Sie meidet bei uns größere Höhen als max. 800 bis 900 Meter, wo sie stets der frosthärteren Fichte Platz macht. Je südlicher sie in Europa wächst, klettert sie, wie andere mit ihr vergesellschaftete Baumarten, allerdings auch höher hinauf, nämlich bis auf 1450 bis 2000 Meter, so z. B. im Apennin und in den Karpaten. In jungen Jahren unterscheidet sich ihr Leben nicht wesentlich von dem der Fichte. Beide wachsen von Natur aus gern im Schatten, was aber für die Tanne eine für ihr späteres Leben unersetzliche Prägung bedeutet. Unter dem schützenden Dach der Altbäume liebt sie einen humosen Waldoberboden und ein ausgeglichenes Waldbinnenklima, um ihre Sämlinge keimen zu lassen. Sie hat es gern wohlig und behütet. Dafür stellt sie keine großen Ansprüche an das Ausgangsgestein der Bodenbildung, die Trophie, d.h. ihre Nährstoffversorgung. In dieser Hinsicht könnte sie potenziell überall in Deutschland mit seiner geologisch reich gegliederten und abwechslungsreichen Landschaft wachsen. Viel wichtiger ist ihr ein intakter, biogener und humoser Oberboden. Die Tanne bestraft jede harte Betriebstechnik mit schweren Maschinen, fehlendes Laubholz oder auch nur die einmalige Freilegung eines Waldbodens mit dauerhafter Abstinenz. Ihr zusagende Bodenzustände sind aber in jedem schonend genutzten Wald von Natur aus vorhanden, und sie findet darum heute noch am ehesten in natürlich verjüngten Buchenwäldern gute Keimbedingungen. Also in einem Waldtyp, der einstmals den größten Teil Deutschlands einnahm. Allerdings ist unsere Allerwelts-Buche, die von Förstern darum als die Mutter des Waldes bezeichnet wird, auf einen kleinen Flächenanteil zurückgedrängt worden. Wegen der dominierenden Fichten nehmen sie gerade noch 15 % ihres einstmals natürlichen Waldanteils ein, was nur noch 8 % ihrer tatsächlichen Ausbreitung vor Beginn menschlicher Besiedlung entspricht.

In unserer Jetztzeit, in der sich die Politik herausgefordert sieht, den mehrfach gefährdeten Wald angesichts des Klimawandels entschlossen retten zu müssen, wird selbst im besonders empfindlichen Laubholz immer weniger Rücksicht auf den Schutz des Bodens genommen. Die Forstwirtschaft entwickelt unglaublich schwere Maschinen, mit denen sie die Kosten der Holzernte angeblich verringert, aber unweigerlich die Oberböden auf Jahrzehnte verdichtet und die ökologischen Folgekosten nachfolgenden Generationen aufbürdet.

So wurde zum Beispiel zur Aufarbeitung der beklagten Waldschäden des Jahres 2019 in Thüringen eine Maschine namens ›Raptor‹ in die Buchenaltwälder geschickt; ein 70 bis 80 Tonnen wiegendes Ungetüm, das nur mit einem schweren Kettenpanzer zu vergleichen ist, der bekanntlich der totalen Vernichtung seiner Gegner dient. Diese totale Vernichtung des Oberbodens, das alles entscheidende biologische Kontinuum jedes gesunden Waldes, soll nachhaltig sein. Sie dient allein der Kostensenkung bei der Holzernte um sprichwörtlich ›jeden‹ Preis, obgleich die dauerhaften Folgen der Bodenverdichtung naturwissenschaftlich belegt sind. Es ginge auch anders, nämlich schwierig zu erntende Stämme angesichts des ohnehin überlasteten Rundholzmarktes zur natürlichen Bodenbildung, Bodenbefeuchtung und -verbesserung dem Zahn der Zeit zu überlassen und durch ihre allmähliche Verrottung ideale Keim- und Anwuchsbedingungen für Weißtannen und andere Baumarten zu schaffen. So wie einst die Natur. Die Erforschung einer natürlichen, systemischen Waldproduktion findet im waldliebenden Deutschland aber bis heute nicht statt, obwohl die Mehrheit der Gesellschaft sich einen naturnäheren Wald wünscht – gerade wegen seiner wohltuenden Ökosystemleistungen.

Eine Weißtanne wächst von Natur aus nur in einem Mehrgenerationenhaus aus Buchen, Fichten, Ahorn und anderen Tannen unterschiedlichsten Alters heran. Dort keimen die Tannensamen als Winzlinge besonders gern unter Altbuchen im Halbdunkel als hellgrün leuchtende Sternchen wie die Abermillionen der Milchstraße am Nachthimmel. Sie entgehen aber dem Leckermaul des Rehs nur dort, wo eine dichte, bodennahe Schicht aus Jungbäumen die Schatten ertragenden Keimlinge schützt. Wie in Wartestellung wachsen die Jungtannen jährlich nur wenige Zentimeter und verharren auch später mitunter bis zu 100 Jahre als zimmerhoher Baum so stur wie geduldig im Halbdunkel der Unterschicht. Das macht sie für ihr späteres Leben besonders fit. Sie nutzen die Zeit, um ein reich vernetztes Wurzelwerk auszubilden, und eine dominante Pfahlwurzel, die sich Jahr für Jahr in tiefere und feuchtere Bodenschichten vorgräbt. Ihre horizontalen Seiten- und vertikalen Senkwurzeln verwachsen allmählich mit denen älterer Tannen und führen häufig dazu, dass eine abgebrochene Tanne ohne grüne Krone an der Bruchstelle ihres Stumpfes wie ein Untoter von Geisterhand mit Holz überwallt wird. Das ist ein Zeichen dafür, dass sie ihre lebenden Wurzeln den mit ihr verwachsenen, jüngeren Tannen über ihren Tod hinweg zur Verfügung stellt. Wir könnten sagen: Sie vererbt ihre im Leben gewonnene Wuchskraft an benachbarte Jungtannen weiter, die damit einen umso besseren Start ins Erwachsenenleben haben.

Was aber tief im Waldboden geschieht, ist der Forstwirtschaft weitgehend unbekannt, und wenn sie mal einen flüchtigen Einblick gewinnt, erschwert dieser ihr das Geschäft und wird deswegen ignoriert. Darüber eine breite Leserschicht aufgeklärt zu haben, ist das ›wahre Geheimnis‹ eines Jahrhundert-Bestsellers, der sich jahrelang nicht von Platz eins der Bestsellerlisten vertreiben ließ. Ausgerechnet ein Buch über Bäume, das im Titel ankündigte, *Das geheime Leben der Bäume* zu lüften, und von einem ›kleinen Gemeindeförster‹, einem Zwei-Meter-Mann aus dem Eifeldorf Hümmel, geschrieben wurde und nicht etwa von namhaften Fachleuten der Waldbauwissenschaft. Sie bekämpften es daher wohl mit einer Internetpetition und der unverhohlenen Forderung nach einer fachlichen Zensur. Nahezu sämtliche Forstprofessoren und ein sehr großer Teil der Forstakademiker Deutschlands unterschrieben die Petition und hatten keine Bedenken, sich dem Vorwurf der Informationsunterdrückung auszusetzen. Sie zeigten sich als wahre Feinde der Aufklärung, die einst die rationelle Forstwirtschaft und Forstwissenschaft geboren hatte, und auf die sie andererseits so stolz sind, wenn sie sich auf die Wissenschaftlichkeit des Waldbaus berufen.

Zahllos sind die auf Tanne spezialisierten Pilze im Waldboden, die ihre Nährstoffversorgung durch Symbiose bereitstellen. In der langen Jugendphase der allmählich heranwachsenden Jungtanne umschließen die fadenförmigen Myzelien der Pilze die Feinwurzeln. Sobald sich im Kronendach ein Lichtschacht öffnet und eine unterständige Tanne beginnt, spontan schneller zu wachsen, können die Myzelien schlagartig den jetzt deutlich höheren Nährstoffbedarf bereitstellen. Die Namen dieser häufig als Speisepilze beliebten und spezialisierten Helfer lassen ihre nützliche Arbeit in der Unterwelt des Tannenwaldes nur erahnen: die Tannenglucke, der Weißtannenrisspilz, der Weißtannenmilchling, der Tannentrüffel, der Weißtannenschmeckling, der Tannenreizger und viele andere mehr. Sie schmecken nicht nur dem Menschen gut, sie helfen der Tanne auch in Stresssituationen, wie zum Beispiel bei Trockenheit, deren Lebensfunktionen aufrechtzuerhalten.

Da die Kinderstube der Weißtanne ein komplexes, für sie günstiges Zusammenspiel verschiedener Faktoren ausmacht, wundert es nicht, dass Schädlinge es umso schwerer mit ihr haben. Da ist zunächst der Schwarzspecht, der dem Tannenwald besonders gern hilft, Schädlinge in Schach zu halten. Er baut seine Höhlen mit Vorliebe in uralten Tannen und betreibt damit en passant ›sozialen Wohnungsbau‹ für Bilche, Fledermäuse, Höhlenbrüter wie Kleiber, Kauz und viele Kleinere wie Hummeln, Spinnen und Raubinsekten. Diese vertilgen die Schädlinge mit Genuss, vor allem den krummzahnigen Tannenborkenkäfer. Der hat im Gegensatz zu seinen in Fichtenmonokulturen sich pudelwohl fühlenden Vettern, dem Fichtenborkenkäfer und dem Buchdrucker, keine wirkliche Chance, sich im Tannenmischwald auszubreiten und massenhaft zu vermehren, er wird vielmehr auf der Höhe eines unschädlichen ›eisernen Bestandes‹ gehalten, damit seine Antagonisten auch in Zukunft noch etwas zum Verspeisen haben und nicht mit ihm untergehen.

Auch die Tannenmistel ist kein existenzbedrohender Schädling. Sie verbreitet sich durch Vögel, die ihre halbverdauten Samen in den Baumkronen hinterlassen, wo sie auf den Zweigen haften bleiben und zu keimen beginnen. Sie wurzeln symbiotisch in den Leitungsbahnen der Wirtstannen und bedienen sich schmarotzend an ihren Nährstoffen, was nur im Extremfall hin und wieder zum Absterben eines Baumes führen kann. Eine Tanne sieht danach von Ferne noch immer grün aus, obwohl sie abgestorben ist, und ihre Krone, voll besetzt mit grünen Misteln, ihr Leben nur vortäuscht. Misteln bereichern aber auch den Speiseplan der Singvögel im dunklen Bergmischwald und helfen so indirekt, dass die Tanne dort der am wenigsten von Schädlingen geplagte Baum ist.

Alte, dicke, absterbende Bäume werden rar, der Schwarzspecht muss lange suchen, um für andere Baumhöhlenbesucher die Wohnung herzurichten.

Solch ein Zusammenspiel im Tannenmischwald hat auch seine süßen Seiten: Der Tannenhonig ist seit jeher köstlicher Brotaufstrich und beliebtes Hausmittel zugleich, der anders als sein Name vermuten lässt, nicht von den Tannen selbst produziert wird. Sie produzieren keinen Honig aus ihrer angeblichen Blütentracht – auch wenn es beim Kauf des Honigs von der Marktfrau aufs Ehrenwort garantiert wird. Zwar sammeln ihn die Bienen in luftiger Höhe der Tannenkronen, allerdings sind sie nur letztes Rädchen im komplizierten Zusammenspiel von Tannen, Schmarotzern und Imkern. Es ist die Tannenrindenlaus, die den zuckersüßen Honig aus ihrem Verdauungstrakt ausscheidet, den die Bienen schlussendlich im Bienenstock zusammentragen. In die hohen Tannenkronen gelangen die winzigen Schmarotzer nicht durch emsiges, lebenslanges Klettern, sondern die Singvögel tragen sie als blinde Passagiere eher zufällig und die Rote Waldameise aus purem Eigennutz hinauf, damit sich die Läuse an dem süßen Assimilat-Strom der Alttannen zu laben beginnen. Damit es überhaupt zur Ernte der lausigen Hinterlassenschaft kommt, braucht es die Rote Waldameise. Sie beginnt, die nimmersatten Saftdiebe am Hinterteil zu stimulieren, um den danach austretenden Tannen-›Honig‹ regelrecht zu melken. Das erst lockt die fleißigen Honigbienen an, sich daran zu beteiligen – im Auftrag des Imkers freilich, der sich über den Ertrag des besonders beliebten Honigs freut und seine scheinbar unappetitliche Herkunft lieber verschweigt.

Es ist das Halbdunkel der Kinderstube, die die Seitentriebe der jungen Tanne so gleichmäßig und zartgliedrig im rechten Winkel zum senkrechten Stämmchen heranwachsen lässt, dass man sie zunächst mit einer jungen Fichte verwechseln kann. Die Seitenzweige der Fichte, die zunächst nach oben gerichtet sind, beginnen sich schon nach dem dritten Jahr gen Boden zu neigen. Sobald die Tanne aus dem Kindergarten allmählich heraus- und in den zimmerhohen Unterstand hineinwächst, verliert sie ihr gleichmäßiges Profil und bekommt mehr und mehr ihre individuelle Gestalt. Vom Licht gesteuert wächst mal der eine, mal der andere Seitenzweig in ein neues Lichtfeld hinein, das sich meistens nur kurzzeitig im Zwischen- und Unterstand öffnet und schnell wieder verschließt. Es genügen ihr schon wenige Minuten Sonnenlicht im Verlauf eines Tages, um im dunklen Unterstand zu überleben und sich mit ihrem kontinuierlich ausgebauten Wurzelwerk auf den Tag des Volllichts vorzubereiten. Es ist ein Kampf ums Licht, den die Jungtanne zu bestehen hat, sie ist kraft ihrer Natur der unbestrittene Meister der Lichtökologie in unseren von Buchen, Fichten und Tannen verschatteten, immer halbdunklen Bergmischwäldern.

Doch wenn dann durch Windbruch oder die Holzernte des Försters einer der mächtigen Bäume im sogenannten Oberstand stürzt und ihr einen dauerhaften Lichtschlot öffnet, legt sie jäh einen Spurt ein und schießt mit riesigen Jahrestrieben von 80 bis 120 Zentimetern Länge hinauf in den Oberstand. Vorwärtspreschend erkämpft sie sich ihren endgültigen Platz im Kronendach, um es nun ihrerseits wieder zu verschließen und im Verlauf folgender Jahrzehnte noch weit darüber hinaus zu wachsen. »Waldbau«, schrieben die forstlichen Klassiker, »ist das Spiel mit dem Licht!« »Licht ins Dunkel zu bringen«, hieße auf Tannendeutsch, der Forstwirtschaft das sorgsame Spiel mit dem Licht durch das Fällen einzelner Bäume statt flächenhafter Nutzung wieder nahezubringen und so den Wald für alle seine Generationen und Bewohner in einem dauerhaft wohnlichen Zustand, nämlich dem eines natürlichen Mehrgenerationenhauses, zu halten.

In der Phase des schnellen Heranwachsens zeigt die Weißtanne allmählich ihren weißlichen, mitunter silbrig glänzenden Stamm, der ihr den Namen eingebracht hat. Jetzt wirft sie durch natürliche Astreinigung die im Schatten feingliederig gebliebenen, abgestorbenen Astquirle ab. Ihr deswegen astreiner Stamm macht sie zu gefragtem Stammholz und lässt so manchen Wanderer sich verwundert fragen, wie denn wohl der glatte Stamm ohne Äste heranwachsen konnte? Hat sie einmal die herrschende Schicht erreicht, beginnt sie nun vollends ihre individuelle Charaktergestalt auszubilden. Die Seitenzweige haben jetzt nur noch wenig Lichtkonkurrenz und nutzen das zur horizontalen Ausbreitung mit deutlich längeren Seitentrieben im Vergleich zum dann langsamer wachsenden Höhentrieb. Das führt zu der von Weitem erkennbaren Storchennest-Krone, die jeder Tanne ihre typische Individualität als Altbaum verleiht. Ihre inneren Werte aus der jahrzehntelangen Nutzung des spärlichen Lichts im Unterstand bleiben dem Betrachter hingegen verborgen. Er kann nicht sehen, dass sie in ihrem Wesen infolge ihres verzögerten und geschützten Jugendwachstums unvergleichlich stabil, elastisch und widerstandsfähig geworden ist. Das langsame Wachstum ihrer Jugendjahre in der behüteten Kinderstube und das währenddessen stetig ausgebaute Wurzelwerk schenken ihr für ihr weiteres Leben die Dynamik eines jugendlichen Erwachsenen, um über Jahrhunderte nimmermüde in die Höhe zu wachsen. Die dann breiter werdenden

Wirft der landesherrliche Förster mit seinem Dackel schon einen begehrlichen Blick auf die beeindruckenden Tannen in seinem Schwarzwälder Revier?

Jahrringe legen sich Ring für Ring um die engen und dichteren aus ihrer Kindheitsphase und verleihen dem Stamm so eine Elastizität, die nur mit der Stahlarmierung im Spannbeton vergleichbar ist. Das ermöglicht ihr, Höhen zu erreichen wie kein anderer Baum unserer natürlichen Waldgesellschaft. Sie hat im Schutz ihres Eltern- und Großelternhauses ein scheinbar ewiges Leben gewonnen – und ein gesundes dazu. So zart und schlank sie zu Beginn auch ist, bleibt sie, lange behütet und geduldig wartend, bis ins höchste Alter ewig jung, stark und vital.

Dr. Jekyll und Mr. Hyde

Es ist der Schwarzwald, das nach wie vor tannenreichste Gebirge Deutschlands, der wie keine andere Region kulturgeschichtlich mit der Tanne verbunden ist. Ihm widmete Hermann Hesse sein Gedicht, zu einem Zeitpunkt, als der besungene Tannenreichtum längst durch die Fichte abgelöst worden war.

Schwarzwald

Seltsam schöne Hügelfluchten,
Dunkle Berge, helle Matten,
Rote Felsen, braune Schluchten,
Überflort von Tannenschatten!

Wenn darüber eines Turmes
Frommes Läuten mit dem Rauschen
Sich vermischt des Tannensturmes,
Kann ich lange Stunden lauschen.

Dann ergreift wie eine Sage,
Nächtlich, am Kamin gelesen,
Das Gedächtnis mich der Tage,
Da ich hier zu Haus gewesen.

Da die Ferne edler, weicher,
Da die tannenforstbekränzten
Berge seliger und reicher
Mir im Knabenauge glänzten.

Der Schwarzwald ist nicht nur das liebste Waldreiseziel der Deutschen, sondern er ist der zentrale Ort des facettenreichen Niedergangs der ihn vormals beherrschenden Tannen auch im Vergleich zu allen anderen, einstigen Bergmischwäldern Süd- und Südostdeutschlands. Tatsächlich war es die Forstwirtschaft in der Mitte des 18. Jahrhunderts, die im Wald die besonders schwer zu disziplinierenden Kräfte des Kapitalismus im Dienst des absolutistischen Merkantilismus freisetzte. In jener Zeit schrieb der Romantiker Wilhelm Hauff (1802–1827) kurz vor seinem frühen Tod *Das kalte Herz*. Er zeichnet mit seinem Kunstmärchen das Sittengemälde der Gesellschaft anhand der vom und im Wald lebenden Menschen um 1800 und eine Allegorie auf den frühen Kapitalismus mit seinem Chancenreichtum auf Wohlstand, aber auch dem rücksichtslosen Gewinnstreben und seiner Verschwendungssucht.

Hauff beginnt seine Erzählung mit den Worten:

> *Wer durch Schwaben reist, der sollte nie vergessen, auch ein wenig in den Schwarzwald hineinzuschauen; nicht der Bäume wegen, obgleich man nicht überall solch unermessliche Menge herrlich aufgeschlossener Tannen findet, sondern wegen der Leute, die sich von den anderen Menschen ringsherum merkwürdig unterscheiden. Sie sind größer als gewöhnliche Menschen, breitschultrig, von starken Gliedern, und es ist als ob der stärkende Duft, der morgens durch die Tannen strömt, ihnen von Jugend auf einen freieren Atem, ein klareres Auge und einen festeren, wenn auch raueren Mut, als den Bewohnern der Stromtäler und Ebenen gegeben hätte.*

Man gewinnt den Eindruck, er habe die Bewohner seines heimatlichen Gebirges beschrieben, als seien sie die Tannen selbst. Seine Erwähnung der ›aufgeschlossenen Tannenwälder‹ gibt einen versteckten Hinweis auf die seit dem Dreißigjährigen Krieg einsetzende und sich allmählich dem Ende zuneigende Ausbeutung des Bergmischwaldes. Sie setzte seine Öffnung durch Schleifwege und Driften voraus – vergleichbar mit den Wegen und Straßen im Amazonasurwald heute. Im Verlauf des 18. Jahrhunderts beschleunigte der sogenannte Holländerholzhandel den Raubbau an den Schwarzwaldtannen. Die riesigen Stämme wurden über die Nagold und den Neckar in Richtung Rhein mit dem Ziel Dordrecht in Holland geflößt. Dort wurden sie von den reichen ›Myn-Heers‹, so ihre Bezeichnung bei Hauff, zum Bau der Übersee-Handelsschiffe und für den Städtebau dringend benötigt. Amsterdam steht heute noch auf Tausenden Pfählen aus Schwarzwaldtannen von damals im sumpfigen Untergrund, und die Grachten sind teilweise noch immer mit Schwarzwälder Tannenholz verkleidet. Die mittelbar auch durch das Tannenholz früh zu Reichtum gekommenen Kaufleute wurden, begünstigt durch das holländische Kolonialreich, schon bald zu globalen Handelsherren. Im Schwarzwald selbst ließen sich Tannen nur durch harte Arbeit vor Ort mühsam zu Geld machen, nämlich in der Köhlerei, der Glasbläserei, der Holzhauerei, durch das Brennen von Pottasche, in der Schreinerei und Zimmerei sowie der Herstellung von Holzuhren. Oder eben hoch bezahlt durch die Flößerei zum Rundholz-Export gen Holland.

Es waren die Flößer, die durch ihre Tätigkeit Kontakt zur städtischen Welt des frühen Kapitalismus hatten und dort oft

Es fährt ein Floß nach Dodrecht. Tannenstämme aus dem Schwarzwald auf dem Weg nach Holland. Johann Adolf Lasinsky, Koblenz-Ehrenbreitstein, *1828.*

einen Teil ihrer außergewöhnlich hohen Vergütungen und Gewinne verprassten, bevor sie sich auf den Rückweg in ihre bescheidene, sparsame, vom Wald geprägte Heimat begaben. Eine Floßfahrt von Mannheim nach Dordrecht dauerte 40 Tage und manchmal Monate, wenn es Zwischenfälle gab, was nicht selten war. Umso größer war die Chance auf Reichtum. Die nach ihrer Fahrt oftmals charakterlich veränderten, in die enge Welt ihrer Heimat zurückkehrenden Männer waren fortan reich genug, um ein Leben in vorher unbekanntem Wohlstand zu führen.

Diese gesellschaftliche Veränderung ließ nicht selten Familien zerbrechen und zerstörte mitunter ganze Dorfgemeinschaften. Die Flößer wurden zu Vorbildern der Daheimgebliebenen, die sich in den traditionellen Erwerbszweigen abmühten und sich nach Reichtum zu sehnen begannen. Den konnte ihnen der Wald auf die Schnelle aber nicht bieten. Es brach eine ›Goldene Zeit‹ an und es waren die Amtsleute der württembergischen und badischen Rentkammer und mit ihnen vor allem die landesherrlichen Förster, die laut Hauff die um sich greifenden Veränderungen vorantrieben. Man kann sich heute kaum mehr vorstellen, welch ungeheure Mengen an Floßholz kunstvoll zu Großflößen von 300 Metern Länge und mehr zusammengebunden wurden, die rheinabwärts jeweils mehr als 300 Tausend Gulden einbrachten, was heute zig Millionen Euro entspricht. Ein solches Großfloß, oder treffender ausgedrückt ›Goldfloß‹, wurde im Auftrag des Fürsten von bis zu 500 jungen Männern gefahren. Selbstverständlich bedienten sich die Fürstenhöfe an den beachtlichen Einnahmen der Flößerei.

Der französische Romancier Alexandre Dumas (1802–1870) staunte auf seiner *Reise an die Ufer des Rheins im Jahr 1838*, als er unvermutet ein solches Floß erblickte:

> *Majestätisch kam das große Floß den Rhein herab und erschien wie ein treibendes Gebirge aus Holz. Es hatte gut acht- bis neunhundert Fuß Länge und sechzig bis siebzig Fuß Breite. Je näher es kam, desto besser konnten wir ein Dorf, Menschen und Herden erkennen. Das Dorf bestand aus einem Dutzend Hütten, seine Bewohner aus sieben- bis achthundert Ruderern und Arbeitern und die Herden aus ungefähr dreißig Ochsen und mehr als einhundert Schafen,*

die von Fleischern begleitet waren. Ich glaubte zuerst, es handele sich um die Einwohner irgendeiner zerstörten Stadt, die mit Waffen und Gepäck auswanderten. Aber unser Kapitän sagte mir, daß dies ein einfaches Floß sei, das Eichen- und Tannenholz nach Dordrecht transportierte. [...] *Jeder verließ seine Arbeit, mit Ausnahme des Floßführers und einem Dutzend Männer, die mit Hilfe von langen Stangen fortfuhren, diese enorme Masse zu steuern.*

Schlussendlich bezog das dicht besiedelte und als Seefahrernation reich gewordene Holland mehr als 30 % seines riesigen Holzbedarfs allein aus dem Schwarzwald. Und während die Schwarzwälder Tannen mittels Übersee-Schifffahrt die Welt eroberten, verschwanden sie aus ihrer Herkunftsregion weitgehend – und mit ihnen der natürliche Bergmischwald.

Das ist der historische Hintergrund im Sittengemälde von Wilhelm Hauffs *Das kalte Herz*.

Der Titel bringt seine Botschaft auf den Punkt. Peter Munk, der unzufriedene Sohn eines Köhlers, beneidet die auftrumpfenden Flößer in den Wirtshäusern und träumt von einem besseren Leben. Aus den Erzählungen der Leute hört er von Zauberern ähnlichen Waldmenschen, dem Glasmännlein und dem Holländer-Michel, die den jungen Burschen Glück und Reichtum verschaffen sollen. Der Holländer-Michel, die Personifizierung des Holländerholzhandels, sei angeblich schon vor hundert Jahren am allmählichen Niedergang der guten Sitten in den Dörfern schuld gewesen. Er habe den Holzhandel mit Holland zur Blüte gebracht, sich zunächst als Holzhauer verdingt und schließlich als betrügerischer und draufgängeri-

Auch wenn ihre geografische Lage die Karpaten lange Zeit davor beschützte, großflächig abgeholzt zu werden, wurden immer wieder kleinere Mengen Holz in die Siedlungen geflößt wie auf dieser Postkarte von 1918.

scher Flößer unermesslichen Reichtum erworben, den er jetzt an die jungen Männer unter freilich sehr speziellen Bedingungen verteile. Der zweite Waldmensch, das Glasmännlein oder ›Schatzhauser‹ im Tannenwald, personifiziert die regional gewachsene Erwerbskultur, namentlich eine waldgebundene, solide Existenz. Aus ihr, und nicht aus den Erträgen des Waldraubbaus, ist tatsächlich der heutige, weltweit bewunderte und außergewöhnliche, industrielle Wohlstand der Region durch Maschinenbau und Präzisionstechnik erwachsen. Nomen est Omen, der ›Schatzhauser‹ wohnt im Tannenbühl, einem Waldort mit vielen urwüchsigen, mächtigen Tannen. Der Köhlersohn entschließt sich eines Tages, das Glasmännlein mit einem Zauberspruch hinter seiner mächtigen Tanne hervorzulocken:

Schatzhäuser im grünen Tannenwald,
Bist schon viel hundert Jahre alt,
Dein ist all Land wo Tannen stehn,
Lässt dich nur Sonntagskinder sehen.

Das Glasmännlein erscheint und Peter trägt ihm seinen Wunsch nach einem besseren Leben vor. Er erhält tatsächlich von ihm Geld genug, um sich eine Glashütte zu kaufen. Die bringt er zunächst zur Blüte, verprasst aber schnell seinen neuen Wohlstand mit den reichen, auftrumpfenden Flößer-Burschen in den Wirtshäusern. Nun wendet er sich an den Holländer-Michel, der verspricht, ihm zu noch größerem Reichtum zu verhelfen, im Gegenzug aber verlangt, sein warmes Herz gegen ein kaltes, steinernes Herz einzutauschen. Peter lässt sich darauf ein und wird ein hartherziger Unmensch, der schlussendlich sogar seine gebrechliche Mutter und seine fleißige Frau Lisbeth ungerührt zurücklässt. Doch auch diesen neuen Reichtum verschleudert er und wendet sich ein letztes Mal an das Glasmännlein, nachdem er zuvor vergeblich den Holländer-Michel um Rückgabe seines warmen Herzens angegangen ist. Das Glasmännlein hält Peter indessen seine Missetaten vor und veranlasst ihn zur Reue. Erst jetzt wandelt er sich zu einem fleißigen Mann, der zu seiner Mutter und seiner Ehefrau zurückkehrt und durch ehrliche Köhlerarbeit zu Wohlstand kommt. Das glückliche Ende wird gekrönt durch einen letzten Besuch Peters im Tannenbühl. Er will noch einmal das Glasmännlein hervorlocken, um ihm zu danken und ruft laut:

> *Herr Schatzhauser, hört mich doch; ich will ja nichts anderes als Euch zu Gevatter bitten bei meinem Söhnchen!*

Es gibt keine Antwort außer einen Windstoß, der einige Tannenzapfen herunterwirft. (Man beachte auch hier die botanische Ungenauigkeit). Peter hebt sie auf und ruft:

> *So will ich dies zum Andenken mitnehmen, weil ihr Euch doch nicht sehen lassen wollet!*

Er übergibt sie zuhause der Mutter, die statt der Zapfen vier Rollen bester badischer Goldtaler in Händen hält. Das Märchen endet mit den Worten des greisen Peter Munk, es sei doch

> *... besser mit weniger zufrieden zu sein, als Gold und Güter zu haben ... und ein kaltes Herz.*

Hauffs Märchen bringt das Glück und Unglück der vom Wald lebenden Kultur des Schwarzwaldes in einen ursächlichen Zusammenhang mit einer maßvollen und lokalen Wirtschafts-

und Erwerbskultur. Doch den Tannen sollte es erst nach seinem Tod richtig schlecht ergehen. Aus der Ferne betrachtet, änderte der Schwarzwald sein Aussehen trotz des weitgehenden Verlustes seiner Tannen nicht. Sie wurden durch ebenfalls schwärzlich wirkende Fichten ersetzt, wie zur selben Zeit die meisten Buchen in den norddeutschen Hügellandschaften auch. Eine Umbenennung des ›Schwarz‹waldes war darum überflüssig: Er blieb aus der Ferne schwarz wie immer. Und Deutschland hatte unversehens viele ›Schwarz‹wälder, freilich mit Fichten aus Försterhand, selbst in den Mittelgebirgen. Man kann deshalb nicht über die Tanne reden, ohne die Fichte mitzudenken.

Die Novelle von Robert Louis Stevenson (1850–1894) aus dem Jahr 1886 *Der seltsame Fall des Dr. Jekyll und Mr. Hyde* ist inspiriert von einer wahren Geschichte, nämlich der eines schottischen Tischlers, der hinter der Maske vermeintlicher Tugendhaftigkeit ein kriminelles Doppelleben führte. Ihn verkörpert bei Stevenson der ehrenwerte Dr. Jekyll, der nachts als Mr. Hyde die christliche Nächstenliebe hinter sich lässt und ungebremst seinen niedersten Gelüsten nachgeht. Abhängig geworden von einem Zaubertrunk, der ihm die Wonnen eines zügellosen Lebens vorgaukelt, lässt er seinen verbotenen Trieben freien Lauf und endet als schwerer Verbrecher. Zwar versucht Dr. Jekyll sich tagsüber mit seinen Wohltaten als gutherziger und angesehener Arzt von den Untaten seines zweiten Ichs zu exkulpieren, aber nach einem Mord bricht jäh die Erkenntnis über ihn herein. Ein Mord ist die denkbar schlimmste Katastrophe auf dem Schuldkonto jedes Menschen und Einsicht kommt danach regelmäßig zu spät. Hydes letzter Versuch, sich

Am Fuße der Alttannen wächst bereits der Fichtenjungwald heran.
Hans Thoma, Wald mit Beerenleserinnen, *1884.*

in die gute Hälfte seines Ichs als wohltätiger Arzt Dr. Jekyll zurückzuverwandeln, schlägt fehl, weil das Gegengift der Rückverwandlung nicht mehr wirkt. Der Vorhang seines Selbstbetrugs zerreißt und zwingt ihn, seine unteilbare Schuld mit ins selbstverschuldete Grab zu nehmen.

Das schrieb Stevenson just zu jener Zeit, in der die Forstwirtschaft ihre Fichtenmanie zur Vollendung trieb. Die Parallele der Doppelgesichtigkeit von Fichtenmanie einerseits und ihrer Verpflichtung zum Erhalt natürlicher Tannenvorkommen andererseits zu den literarischen Figuren Mr. Hyde und Dr. Jekyll als Archetypen menschlichen Fehlverhaltens legt den Rückschluss auf die Zukunft des einstmals führenden deutschen Forstwesens nahe. Dieses versteckt sich hinter der wohlklingenden Behauptung der Nachhaltigkeit als seinem Zaubernarrativ, und ist doch tatsächlich selbst eines der größten Hindernisse auf dem Weg der Rückkehr zu einem naturgemäßen Wirtschaftswald. Es führte schlussendlich und maßgeblich zum Jahrhundertproblem absterbender Fichtenwälder heute und ihrem Rat an die Politik, wieder einmal mit Fremdbaumarten den Pflanz-Waldbau fortzusetzen. Geht also das einst ruhmreiche deutsche Forstwesen wegen der Herausforderungen des Klimawandels in seiner selbstverschuldeten Bedeutungslosigkeit unter – trunken von seiner sturen waldbaulichen Fehlorientierung?

Die Fichte, ihr Lieblingsbaum seit 200 Jahren, und die verdrängte Tanne dienten einst beide der Holzproduktion und entstammten dem Bergmischwald. Sie waren ökologische Geschwister in ihrer von Buche und Ahorn behüteten Jugend; Letztere waren ihre Ammen und erzogen sie bis ins Erwachsenenleben. Gleichwohl haben beide Geschwister einen Charakter, wie er unterschiedlicher nicht sein kann, was die Forstwirtschaft allerdings ignorierte. Sie fragte sich nicht, wie über Jahrmillionen im systemischen Produktionsprozess natürlicher Waldgesellschaften wie dem Bergmischwald die Natur ökologisch unvergleichlich stabiler ist und sogar besseres Holz produziert als nach ihrem Narrativ forstlicher Nachhaltigkeit im Pflanz-Wald. Sie missachtete das Gebot der Natur, das ein Mehrgenerationenhaus fordert. Also das Kontinuum aus Raum und Zeit, welches jedes Waldökosystem auf der von Natur aus auf Dauer angelegten Waldentwicklung stetig weiter vernetzt und ausbaut, sich selbst optimiert, dynamisch stabiler macht und seine Resilienz gegenüber unerwarteten Veränderungen der Umwelt unaufhörlich verfeinert und vertieft.

Es lohnt sich darum, dem historischen Ursprung jenes heute hoch geachteten Postulats von der forstlichen Nachhaltigkeit nachzugehen. Entwickelt wurde der Begriff nicht von Förstern, sondern vom Berghauptmann Hans Carl von Carlowitz (1645–1714), der 1713 für eine gleichmäßige Holzversorgung der Bergwerke, die wichtigste Einnahmequelle seines prassenden Fürsten, Sorge trug, und nicht etwa für die Ökologie oder gar das Wohlergehen der Landbevölkerung. Sein Fürst war der für seine Leibesfülle und Verschwendungssucht berüchtigte sächsische Kurfürst August der Starke (1670–1733). Wie groß das ständige Finanzierungsproblem seiner Prunksucht war, zeigt neben den auf Repräsentation ausgerichteten Barockschlössern eindrücklich das Beispiel der Dresdener Preziosen, die als Gesamtensemble bis zu ihrem Raub 2019 immerhin den größten Juwelenschatz der europäischen Geschichte bildeten. Allein

Die acht Titelvignetten der berühmten Anweisung zur wilden Baumzucht *von Hans Carl von Carlowitz zeigen den Altersklassenwald, das von Gott angewiesene Programm der Nachhaltigkeit der Holzerzeugung, 1713.*

die Kosten für die Herstellung des 2019 geraubten, mit 2300 Diamanten besetzten Prunkschwerts trieb den Großherzog samt seinem Staat beinahe in den Bankrott. Es war das Bergregal, also das Recht des Fürsten, über die Bodenschätze Sachsens zu verfügen, das ihm die notwendigen Einkünfte garantierte. Sie durften keinesfalls durch Mangel an dem dazu dringend benötigten Holz für den Grubenausbau gefährdet werden.

Die forstfachliche wie die gesetzliche Übersetzung der Nachhaltigkeit entspricht deswegen bis heute dieser erstmaligen Formulierung im Geist des absolutistischen Merkantilismus, nicht mehr Holz einzuschlagen, als nachwächst – mehr nicht! Sie meint also nur die Nachhaltigkeit der Holzerzeugung auf einem angepflanzten Holzacker und nicht die biologische Leistungsfähigkeit des Waldökosystems; so auch die Darstellung auf den Titelvignetten des berühmten Buches. Tatsächlich begründet sie die forstliche Legitimation, Wälder im Zuge der Nutzung periodisch zu entfernen, also ökologisch zu zerstören, und auf der Freifläche wieder neu anzupflanzen. Daraus entsteht immer ein Wald aus gleichaltrigen Bäumen mit nur einer oder zwei Baumarten, ein sogenannter schlagweiser Altersklassenwald. Nachgepflanzt werden nicht etwa Bäume, die von Natur aus dort wachsen, sondern solche, die die Forstwissenschaft als ›standortgerecht‹ bezeichnet. Standortgerecht klingt ökologisch und naturwissenschaftlich begründet, heißt aber nicht ›standortheimisch‹, sondern ist ein von wirtschaftlichem Interesse geprägter, willkürlicher Begriff. Standortgerecht ist eine anzupflanzende Baumart nämlich bereits dann, wenn sie den Standort mit ihrem Wachstum halbwegs stabil auszunutzen vermag. Der Begriff meint also eine rein ertragswirtschaftliche Komponente. Das beste Negativbeispiel dafür ist Mr. Hyde, die Fichtenmanie, die seit Jahrzehnten überall dort Fichten als standortgerecht pflanzt, wo sie regelmäßig zu Kalamitäten führt. Die Natur fragt aber nicht nach Standortgerechtigkeit, sondern danach, welche Baumart an einem konkreten Ort als biologisch überlegen und dynamisch stabil heranwächst. Das aber sind die in Jahrtausenden an Ort und Stelle geprüften Baumarten, die standortheimischen, die geschützt im Mehrgenerationenhaus heranwachsen durften zu ewig jugendlichen, dynamischen und überaus beeindruckenden Altbäumen über dem Baumnachwuchs der nächsten Generationen. Doch leider kennen die meisten nichts anderes als den schlagweisen Altersklassenwald, denn mehr als 90% unserer Wälder werden so bewirtschaftet, als ›standortgerechte‹ Mono- oder Bikulturen aus gleichaltrigen Bäumen. Das gilt nicht nur für den Naturliebhaber und Spaziergänger, sondern selbst für die Forstwissenschaft und sogar für den Gesetzgeber. Alle reden nur vom Holzacker – nämlich einem Kunstwald, so wie der Bauer von seinem Maisacker, ohne sich dessen bewusst zu sein.

Das waldbauliche Charakterbild von Tanne und Fichte im Wirtschaftswald ist seitenverkehrt. Es spiegelt eben diesen grundsätzlichen Fehler im waldbaulichen Denken wider – freilich nachhaltig nur im Sinne der Forstgesetze. Gedeiht die Tanne nur unter Schirm und im Schutz ihrer Elternbäume, wächst die Fichte auf der Kahlfläche ohne größere Probleme in die Höhe und zeigt sich unempfindlich gegen Spät- oder Frühfröste. Ähnlich unempfindlich verhält sie sich auch gegenüber direkter Sonneneinstrahlung und der Trockenheit der Freifläche. Sie hat in früher Jugend nur wenige Schädlinge und macht es dem Förster damit besonders leicht, die ökologische Wunde einer Kahlfläche mit einer dicht heranwachsenden Fichtendickung grün zu übertünchen. Nach wenigen Jahren wächst ein dichter, auf Jahrzehnte artenarmer Jungforst heran, der den Sündenfall des Kahlhiebs ökologisch nur notdürftig verdeckt wie ein Feigenblatt die Scham.

Immergrün und gleichmäßig pyramidal wie Tannen, brachte sie bis vor wenigen Jahren dem Waldbesitzer zu Weihnachten erkleckliche Vorerträge als Pseudotanne ein. Auch lernte man schnell, die häufig Samen tragenden Fichten abzuernten, ihre Samen keimfähig zu machen und in der Baumschule auszusäen. Die Fichtenkeimlinge wachsen dort in den sogenannten Verschul-Quartieren, sodass Fichtenpflanzen auf dem forstlichen Pflanzenmarkt über Jahrzehnte für nur wenige Cents zu kaufen waren. Es entstand ein Perpetuum mobile der angeblich nachhaltigen Holzproduktion, doch der Spott der Forststudenten bis zum heutigen Tag blieb nicht aus: »Waldbau heißt: Abtrieb Tanne und Buche und danach Pflanzung Fichte!«

Diese Fehlentwicklung nahm an der Schwelle zur Waldbauzeit ihren Lauf. Die Fichte wurde zum berauschenden Gift des deutschen Forstwesens und seiner Wissenschaft. Der Altersklassenwald gilt deswegen international als typisch deutsche Erfindung und wird im Ausland auch so bezeichnet. Dennoch wird man diesen Begriff von deutschen Forstprofessoren genauso wenig hören, wie in irgendeinem Waldbau-Lehrbuch nachlesen können. Er gilt zwar international als einleuchtend und selbsterklärend, in Deutschland aber als entlarvend, und dies zu Recht, denn beim Bürger ist er negativ konnotiert. Allein deswegen vermeidet man ihn auch in der Politik. Er entging dem scharfen Auge Caspar David Friedrichs allerdings nicht. Er malte 1810 als erster Künstler überhaupt in der Geschichte der europäischen Malerei diesen überall in Mode kommenden unnatürlichen Pflanzwald: Die Fichten wachsen vor dem Hintergrund eines Buchenkahlschlags bereits in ›marschierenden‹ Quartieren in Reih und Glied heran – was Elias Canetti hundertfünfzig Jahre später animierte, ihn zur überaus treffenden Waldmetapher für den im Gleichschritt marschierenden, deutschen Militarismus zu nutzen.

Auffallend ist seit etwa Mitte des 19. Jahrhunderts, dass sich ein forstliches Lehrfach etablierte, das es vorher nicht gegeben hatte: der Forstschutz. Er befasst sich mit den abiotischen, das sind die durch extreme Wetterereignisse verursachten, sowie den biotischen Gefahren, also den Schädlingen und organischen Erkrankungen des Waldes. Etliche der bis heute anerkannten Forstschutz-Lehrbücher stammen nicht zufällig aus der Zeit nach 1860. Denn in dieser Zeit brachen über die erste Generation des Altersklassenwaldes mit seinen Monokulturen bis dahin unbekannte Flächenkatastrophen herein. Die ersten Altersklassenwälder waren aus der Jugendphase herausgewachsen und erzeugten nun den speziell auf ihre homogene Fraßstruktur angewiesenen Massenwechsel von vorher unbedeutenden Schädlingen aller Art. Eine homogene Fraßstruktur schafft sich eben immer eine homogene Fresserstruktur, eine Erfahrung, die jeder Hobbygärtner und Maisbauer macht. Die mit dem Alter immer instabiler werdenden Fichtenwälder waren gegen Schnee, Frost, Blitz, Hagel oder Sturm, Trockenheit und Waldbrand nicht gefeit. Diese Gefahren und im Gefolge die

Fast scheint es, als ob die Fichten-Stangenwälder auf den Betrachter zumarschieren, während im Hintergrund die Schlagfronten der vormaligen Buchenwälder im Dunst verschwinden. Caspar David Friedrich, Landschaft im Riesengebirge, *um 1810.*

immer häufigeren Flächenkatastrophen entwickelten sich zu einem regelrechten Begleitphänomen der nur angeblich nachhaltigen Forstwirtschaft, die sich wie selbstverständlich daran gewöhnte, der Gesellschaft gegenüber aber nie ihre Fehler eingestand.

Der Grund dafür liegt im Wesen der Bäume begründet: Sie und der Mensch haben unterschiedliche Zeitmaßstäbe. Angepflanzte Fichten brauchen drei Menschengenerationen, bis sie gefällt werden. Jeder Mensch beurteilt also nur einen kurzen Ausschnitt des Waldlebens, was es dem Forstwesen leicht macht, die Schuld auf alles Mögliche zu schieben, wenn der Wald zusammenbricht – nicht zuletzt auf die angeblich ›Höhere Gewalt‹. Zumal der Mensch nichts anderes in seinem kurzen Leben kennenlernt als den Wald vor seiner Haustür, der aber im biologisch-systemischen Sinn gar keiner ist. Zumal die Forstwissenschaft, annähernd geschlossen, nur diesen Pseudowald, der an ihrer Wiege stand, als den einzig denkbaren Wald erforscht. Wäre sie ehrlich, würde sie sich zuvorderst einer umfassenden, kontinuierlichen Risikoforschung widmen. Doch die gibt es trotz leidvoller Erfahrung nicht, denn ihre Ergebnisse wären für sie selbst am wenigsten schmeichelhaft. Sie würden ihr vor Augen führen, einen systemwidrigen Ansatz zu verfolgen, der dem Waldökosystem fundamental widerspricht und deswegen auch fundamentale Risiken erzeugt. Das ist die traurige Situation bis heute: Gibt es irgendwo, wie z. B. aktuell infolge der Sommertrockenheit der Jahre 2018 und 2019, großflächigen Ausfall von Fichtenreinbeständen, ist natürlich der Klimawandel schuld. Es liegt in der Logik des schlechten Gewissens von Mr. Hyde, den Eigenanteil an der systemischen Ursache zu verschweigen, um vom Gifttrunk des künstlichen Holzanbau-Prinzips abzulenken. Nahezu alle unsere Wälder wurden unter Zwangsverzicht auf ihr natürliches Mehrgenerationenhaus erzogen und zeigen als Frühindikatoren die Veränderungen unseres Klimas deswegen nur an. Die deutschen Fichten- und Kiefernwälder entwickelten sich sogar zum internationalen Vorzeigebeispiel für eine labile Forstwirtschaft schlechthin, die kaum von der Plantagenwirtschaft anderswo zu unterscheiden ist. Ihre schwerste Hypothek ist das Fehlen jeglicher Widerstandskraft, d.h. die Kunstwälder, rund 80–90% unserer Waldfläche, besitzen gegenüber einer nur leichten Umweltveränderung keinerlei Elastizität. Sie sind den Unbilden des Wetters wie des Klimawandels hilflos ausgeliefert und enden immer in einer Kahlfläche zum Wiederaufbau des nächsten Altersklassenwaldes – ein Teufelskreis.

Die Entwaldung einer Waldfläche ist der schädlichste Klimabeitrag, den die Forstwirtschaft zu verantworten hat. Sämtliche Kohlenstoffspeicher in den Bäumen des Waldes wie die deutlich größeren, biologisch im Boden gespeicherten CO_2-Vorräte werden in kurzer Zeit nach einer Freilegung des Waldbodens in die Atmosphäre oder als Nitrat ins Grundwasser freigesetzt und belasten dann sogar unser Trinkwasser. Daher verwundert es, wenn sich lautstark über globale Waldverluste durch Waldbrände ereifert wird, ohne vor der eigenen Haustür der krisengeschüttelten Forstwirtschaft zu kehren. Sie profitiert weiter und noch verstärkt von hohen Zuschüssen des Staates für die Wiederaufforstung und erhält Steuerfreiheit für die riesigen, unplanmäßigen Holzerträge aus den maßgeblich selbstverschuldeten Flächenkatastrophen. Nicht zufällig sagen deswegen Waldbesitzer nach einem Sturmwurf: »Die Fichte fällt uns in die Kasse«, und sprechen von ihr als ›Brotbaum‹. Doch tatsächlich ist sie ein ›Notbaum‹ auf Kosten des Steuerzahlers. Der Steuerstaat hilft Mr. Hyde mit einem verführerischen Zubrot aus Steuererleichterung und Wiederaufforstungsprämie, sich nicht einmal selbst den grundlegenden Fehler eingestehen zu müssen. Kein Wunder, dass sich eine Phalanx bildet aus Forstwissenschaft, Forstindustrie, Baumschulen, Forstmaschinenherstellern und Forstdienstleistern, Waldbesitzern und so-

Forstwirtschaftliche Monotonie, ein seit Generationen gewohntes Landschaftsbild. Im Schwarzwald *von Arnold Lyongrün, 1912.*

gar den öffentlichen Landesforstbetrieben, die an diesen paradiesischen Zuständen nichts ändern wollen. Sie verschanzen sich hinter ihren Lobbypolitikern, um weiter wirtschaften zu können wie bisher, ohne selbst den Schaden tragen zu müssen. Doch zukunftsfähig ist das im Klimawandel nicht, und es gefährdet den Wald auf Kosten aller Bürger.

Die Fichte wie die Kiefer sind ausgesprochene Rohhumusbildner, d. h. die biologische Umsetzung ihrer Streu ist wegen ihres hohen Kohlenstoff-/Stickstoff-Verhältnisses in den Nadeln stark gehemmt. Es sind aber gerade die Nadel- und Laubstreu, die die mineralischen Nährstoffe enthalten und durch die natürliche Zersetzung im Kreislauf jedes Waldes pflanzenverfügbar halten. In Fichten- wie in Kiefernmonokulturen entstehen deswegen unzersetzte Rohhumus-Nadelauflagen, die das Eindringen des Regens selbst nach tagelangem Niederschlag verhindern. Daher greift man nach langem Regen durch einen unzersetzten Nadelstreu-Filz in den dann immer noch staubtrockenen Oberboden. Auch bildet die Fichte extrem flache Wurzelteller ohne Pfahlwurzel, was ein Grund für ihre Windwurfempfindlichkeit wie für ihre mangelnde Trockenresistenz im Alter und ihre insgesamt schlechte Verankerung im Boden ist. Die Tanne besitzt dagegen, wie fast alle unsere standortheimischen Bäume, eine besonders bodenfreundliche Streu, die ihre biologische Einarbeitung in den humosen Oberboden durch eine aktive Bodenlebewelt, das sogenannte Edaphon, regelrecht anfeuert.

Die Forstwirtschaft hat also durch den Wechsel von heimischen Bäumen zu standortfremden Fichten eine riesige Hypothek aufgebaut, vergleichbar nur mit der fossilen Energieverschwendung durch den Verbrennungsmotor. Man sollte darum dem Ratschlag der dafür Verantwortlichen mit größter Skepsis begegnen, forstwirtschaftlich alles beim Alten zu lassen: beim strukturarmen Altersklassenwald, bei der Pflanzung von Bäumen als Pseudowald in Reih und Glied, bei der Holzernte mit panzerähnlichen Maschinen und bei giftigen Chemieeinsätzen gegen den selbstverschuldeten Insektenbefall. Oder gar dem Klimawandel mit einem erneuten Baumartenwechsel zu begegnen und noch einmal Mr. Hyde Glauben zu schenken, exotische, vermeintlich klimaharte Baumarten anzubauen, die nicht einmal aus dem kontinentaleuropäischen Naturraum stammen und die für eine Verwendung in unseren Breiten erst noch erforscht werden müssten. Letzteres dauert, wie die Forstgeschichte zeigt, mindestens ein bis zwei Jahrhunderte, wenn man halbwegs sichergehen will. Das lenkt natürlich viel Forschungsgeld aus Steuern in die damit befassten Institutionen.

Tatsächlich sind alle unsere heimischen Bäume Mischbaumarten des natürlichen Buchenwaldes und erst nach der Eiszeit aus ihren wärmeren süd- und südosteuropäischen Refugien zurückgewandert. Sie haben heute ihren Arealmittelpunkt in Deutschland und ihre natürliche Verbreitung spannt sich von Sizilien bis Südschweden, von Bukarest und Kaliningrad bis nach Barcelona. Sie besitzen also mit ihrer genetischen Variabilität eine hohe Klimatoleranz, um nach Norden und Nordosten wandern zu können, bis Deutschland kein natürliches Buchenland mehr wäre. Stattdessen wird forstlich auf die aktuellen Schäden in Buchenwäldern verwiesen, die in einigen wenigen Regionen ebenfalls durch Trockenheit geschädigt wurden, wenn auch nicht vergleichbar mit den extremen Schäden in den Kiefern- und Fichtenwäldern. Der durchschaubare Zweck des Arguments lässt außer Acht, dass sie so gut wie nirgends im natürlichen Mehrgenerationenhaus heranwachsen durften und als hohle Hallenwälder kaum anders beurteilt werden können als Nadelholzmonokulturen – nämlich ohne ihr von der Natur garantiertes, mildes Waldbinnenklima. Ein erster Überblick über die Buchenschäden gibt jedenfalls Anlass zu vermuten, dass es vor allem solche Wälder traf, die nicht aus naturnaher Bewirtschaftung hervorgingen, sondern aus schlagweiser Bewirtschaftung zum Altersklassenwald.

Tatsächlich gilt ein unumstößliches Naturgesetz für unsere

Rotkäppchen, wie in diesem Bild von Julius Klever aus dem Jahre 1885, rastet unter Fichten und nicht mehr unter Tannen und Buchen, was im Märchen den Wolf nicht abhält, es zu verführen.

gemäßigten, sommergrünen Wälder, vor dessen Erkenntnis sich Mr. Hyde windet wie eine Schlange: Ihr Feuchtigkeitshaushalt, das Waldbinnenklima, wird primär durch die oberirdisch sichtbare Vielstufigkeit der Bäume sowie die Stufigkeit des im Boden verborgenen Wurzelwerks bestimmt. Ausreichende Feuchtigkeit erfordert ein Waldinneres, das möglichst vollständig mit Blattgrün, d. h. mit Chlorophyll, ausgefüllt ist. Von Natur aus ist das ein nach Alter und Baumarten gemischter Wald auf dem festen Fundament seines tief gestuften Wurzelwerks. Auf Griechisch heißt Haus *Oikos*. Das bildet die Vorsilbe der Begriffe *Öko*nomie und *Öko*logie. Sie sind international gebräuchliche Fachbegriffe, die für sich sprechen, worum es in beiden Fachbereichen vorrangig geht – und umso mehr in der Holzerzeugung im Wald.

Und nicht zuletzt die Tanne zeigt, dass auch aus ihr bei schlechter Erziehung jederzeit ein frühreifer Mr. Hyde werden kann. Man muss sie nur dem Gift der Freifläche aussetzen und sie als Monokultur anbauen und sie bekommt im Handumdrehen den Charakter der Fichte. Solche Tannenhallenwälder mit Bäumen gleichen Alters verlichten frühzeitig, vertrocknen schnell und entwickeln eine ähnlich labile Statik wie Fichtenwälder, werden also ebenfalls spielend leicht von Stürmen, Schnee und Trockenheit hinweggerafft und begünstigen den Befall von Schadorganismen wie den gefürchteten Tannenkrebs. Ein Tannenfachmann brachte diese biologische Wandlungsfähigkeit der Tanne, vergleichbar der von Dr. Jekyll zu Mr. Hyde, auf die prägnante Formel: »Botanisch *Abies*, ökologisch *Picea*!« In Anlehnung an Robert Louis Stevenson ließe sich formulieren: *Außen Tanne, innen Fichte!*

Der Baum der Herzen

Fragen Sie zur Weihnachtszeit irgendjemanden in der westlich geprägten Welt nach dem Baum seines Herzens, lautet die prompte Antwort meist: »Der Tannenbaum!« Gemeint ist damit natürlich nicht die Tanne, sondern der Weihnachtsbaum als Vertreter einer kulturellen Gattung immergrüner Nadelbäume, die maximal zimmerhoch, schön gleichmäßig und pyramidal gewachsen sind und dem individuellen Geschmack ihrer Käufer entsprechen. Über Geschmack lässt sich streiten. Darum geht es schon bei der Auswahl des geeigneten Baums spannungsgeladen zu. Wie zuhause bei der Frage, zu welcher Seite man den immergrünen Gast im Wohnzimmer drehen und wie man ihn schmücken soll. Spätestens danach sind sich alle einig, wie schön er ist, und nicht selten wird er sogar einmütig zum bisher Schönsten aller Zeiten erklärt. Dann ist er für kurze Zeit ein echter Friedensbaum. Auch wenn er für nur wenige Stunden bewundert und schon am nächsten Tag kaum noch wahrgenommen wird. »Vor einem strahlenden Tannenbaum werden alle Zweifel stumm und alle Kinderherzen gläubig«, beschrieb Hans Fallada (1893–1947) die ziemlich einmütige Gemütsaufwallung und Verehrung, die uns kurzzeitig positiv stimmt in seiner Geschichte vom *Gestohlenen Weihnachtsbaum*.

Doch umso tragischer ist das Ende jedes Tannenbaums, denn nur wenige Tage später landet das Objekt der Verehrung als funkensprühendes Knisterholz manchmal im Kamin. Sollte es

Im Kreise der Familie besungen, umtanzt und heißgeliebt: Frohe Weihnachten *von Viggo Johansen, 1891.*

sich um einen offenen Kamin handeln, ist dann allerdings Vorsicht geboten. Im ökologisch günstigsten Fall endet er, seines Schmucks beraubt, auf einer kommunalen Kompostierungsanlage. Else Lasker-Schüler (1869–1945) schreibt dazu unter dem Eindruck der Hoffnungslosigkeit im zerstörten Deutschland kurz vor ihrem Tod:

> *Später kommen sie alle in den Keller oder man wirft sie kurz und bündig auf den Schutthaufen. ... Aber ähnlich wie ihm, ergehts den Menschen selbst. Er ist der Menschen schimmerndes Symbol –*

aber auch ihr tragisches. Wer von ihnen einmal zum Weihnachtsbaum erhöht und geschmückt werde - darüber unterhalten sich schon in ihrer Windessprache die jungen Tannenkinder in der Waldschule. Zustatten kommt ihnen ihre Harmlosigkeit, die keinen spielverderberischen Gedanken zuläßt. Nicht jedes von uns Menschenkindern, selbst von uns Sonntagskindern, steht einmal angezündet auf dem blauen Tisch der Welt! ... Wenn auch nur – ein Zweiglein – brennt! Im Zauber des Lichts, mit glitzernden Wundern behangen, gehört freilich zum Ausnahmeglück. Nur die große Liebe kann diesen Wandel vollbringen. ...

Die Liebe ist der holde Baum der Ewigkeit. Immer neigt er über uns seine strahlenden Zweige – uns Weihnacht in Gold und Silberschaum zu pflücken. Und auf seiner Schulter steht schwebend ein Engel in himmelblaujauchzender Seide! Und lauter recht einfältige, dumme, nutzlose – aber lächelnde Dinge aus Zucker hängen an seinen Aesten. Sein Ebenbild zu werden, habe ich nie verlernt, mir zu wünschen. Denn dunkel sein, heißt der Liebe enthoben, tot sein und sich lichten - heißt, auferstehen. Ich weiß es ganz genau, auch Ihr und er ...

Wir stehen längst geknickt wo angelehnt,
Am grauen Steine einer alten Mauer,
So ausgelöscht und haben uns gesehnt,
Nach einem einzigen Lichtchen in der Weltentrauer.

Unsere kurze, emotional überschwängliche Aufmerksamkeit für den zuvor seines Wurzelwerks beraubten Baumes, der ein langes Leben im Wald noch vor sich gehabt hätte, macht ihn also tatsächlich auch zum Sinnbild unserer Wegwerfgesellschaft. Hans Christian Andersen (1805–1875) greift in seinem 1844 geschriebenen Kunstmärchen *Der Tannenbaum* diese widerspruchsvolle Kurzlebigkeit des Lichterbaums auf. Er erzählt uns die Geschichte einer jungen Tanne, die im behüteten Zuhause eines natürlichen Bergmischwaldes in die Welt hineinwächst; ganz anders als der Erzähler, der als Sohn eines verarmten und früh verstorbenen Schusters mit einer alkoholkranken Mutter mit 14 Jahren als Halbwaise in einer Pflegefamilie lebte. Es überrascht, wie treffend der Dichter mit wenigen Worten das behütete Zuhause der kleinen Tanne umreißt, nämlich als einen altersgemischten Wald aus verschiedenen Baumarten, den Andersen nicht in seiner dänischen Heimat, sondern nur auf einer seiner Reisen nach Deutschland – vermutlich im Erzgebirge – kennengelernt haben kann:

Draußen im Wald stand so ein niedlicher kleiner Tannenbaum;
er hatte einen guten Platz, Sonne konnte er bekommen, Luft
war genug da, und ringsumher wuchsen viele größere Kameraden,
Tannen und Fichten; aber der kleine Tannenbaum dachte nur
daran zu wachsen.

Die kleine Tanne war unzufrieden, denn sie hatte von den Vögeln gehört, dass die großen Tannen, nach dem Einschlag als Masten großer Segelschiffe die Weltmeere befahren, und will auch etwas sehen von der Welt. Zur Adventszeit sieht sie, dass die größeren Geschwister neben ihr gefällt werden, um in der Stadt als mit Süßigkeiten, Äpfeln und Kerzen behängte Lichterbäume für die Kinder die Stube zu beleuchten und bewundert zu werden. Auch sie sehnt sich danach und wird im folgenden Jahr als besonders hübsches Bäumchen eingeschlagen und auf einem Wagen in die Stadt gefahren. Dort wird sie geschmückt für die eine ›Nacht der Herrlichkeit‹. Sie erlebt diese *eine* Nacht,

Engel im Nikolausmantel, das artige Kind vor dem Lichterbaum als Anspielung auf das Christkind – ein bürgerliches Erziehungsprogramm? Gemalte Postkarte um 1900.

die ihr aber doch auch wieder unangenehm ist wegen der tobenden, sich um ihren Baumschmuck balgenden Kinder. Doch so schnell, wie sich ihr Wunsch nach Lichterglanz erfüllte, bleibt sie schon bald wieder unbeachtet und wird nach kurzer Zeit auf einem dunklen Dachboden abgestellt, wo sie vergessen, aber ungestört vor sich hin dämmert und vertrocknet. Jetzt denkt sie wehmütig zurück an das wohlbehütete Haus ihrer Kindheit und wünscht sich wenigstens noch einmal zu den tobenden Kindern zurück. Als sie eines Tages im Frühjahr auf dem Dachboden wiederentdeckt und heruntergeholt wird, schöpft sie Hoffnung. Doch es kommt noch schlimmer: Sie wird von den Kindern als hässliches, nacktes Gestrüpp verspottet und, vom Knecht zerhackt, in den Ofen geschoben. Jetzt ist es zu spät und sie bereut bitter, nicht zufrieden gewesen zu sein mit dem, was sie hatte: ein wohlbehütetes Zuhause, Lichterglanz in der Nacht der Herrlichkeit und eine, wenn auch dunkle, aber immerhin trockene und ungestörte Ecke auf dem Dachboden.

Erich Fromm (1900–1980), der Psychoanalytiker und Philosoph, unterscheidet in seinem Buch *Haben oder Sein* zwischen der Haltung, alles haben und besitzen zu wollen, oder aus dem Augenblick des Seins sein Lebensglück zu empfinden. Er ermuntert uns, das eigene Leben am Seins- statt am Haben-Modus unserer Begierden und Wünsche auszurichten. Entsprechend lehrt Andersen die Kinder: Suchet das Glück und die Lebenszufriedenheit im Jetzt und dem Erleben des Schönen, das uns das Leben täglich zu bieten hat. Es wäre darum eine Fehlinterpretation, seine Geschichte als Kritik am weihnachtlichen Brauch zu deuten und wegen des kurzzeitigen Lebens seiner kleinen Tanne auf den Einschlag von Tannenbäumen zu verzichten, um etwa den gefährdeten Wald zu schonen. Mit Sicherheit hätte er sogar die Plastikbäume heute tief verabscheut, unabhängig von ihrer ohnehin miserablen Ökobilanz. Denn tatsächlich war und ist der Rückgang der Tanne im Bergmischwald zu keinem Zeitpunkt dem aufkommenden Brauch des Lichterbaums anzulasten, sondern ausgerechnet den professionellen Waldhütern. Die rasche Akzeptanz des Weihnachtsbrauchs bot ihnen die ideale Möglichkeit, die durchaus kritisierte und abgelehnte Verfichtung der heimatlichen Landschaft mit der Pseudotanne dem einfachen Volk zu vermitteln.

Unzweifelhaft handelt es sich bei diesem Brauch um eine deutsche Erfindung. Historische Akten und Folianten weisen zwar darauf hin, dass im 15./16. Jahrhundert in der Gegend um das protestantische Straßburg und das katholische Freiburg erstmalig auf den Vorplätzen der Münster Tannenbäume zur Weihnachtszeit öffentlich aufgestellt wurden. Ein Volksbrauch zum weihnachtlichen Familienfest zuhause wurde er indessen erst zum Ende des 18. Jahrhunderts – zeitgleich zur um sich greifenden Fichtenmanie. Ursprünglich wurden zunächst nur Weißtannen aus dem Bergmischwald in der Region des Oberrheingrabens sehr vereinzelt als öffentliche Weihnachtsbäume für die Markt- und Kirchplätze eingeschlagen. Das natürliche Vorkommen der Tannen in den deutschen Gebirgsregionen Südost- und Süddeutschlands hätte es aber angesichts der fehlenden Infrastruktur ohne die Möglichkeit des Bahntransports nicht zugelassen, frische Tannen in großer Zahl auf die lange Weihnachtsreise gen Norden zu schicken. Es gab also einen ursächlichen Zusammenhang der aufkommenden Fichtenmanie

Erfundene Vergangenheit: Der Kupferstich Dr. Martin Luther im Kreise seiner Familie zu Wittenberg am Christabend 1536 *von C. A. Schwerdgeburth aus dem Jahre 1836 schert sich nicht um historische Wahrheit.*

und der raschen Ausbreitung des Brauchs des weihnachtlichen Lichterbaums im tannenfreien, nördlichen Flach- und Hügelland. Denn es war die Fichte, mit der er im protestantischen Norddeutschland zunächst populär wurde. Zu seiner Ausbreitung brauchte es tatsächlich eine Ersatztanne aus der engeren, erreichbaren Umgebung. Sie stand inzwischen als preiswerter, in Massen verfügbarer Baum aus landesweiten Aufforstungen fast überall zur Verfügung. Es ist sicher, dass der damals deutlich wohlhabendere Protestantismus den Lichterbaum zuerst adaptierte, und er sich deswegen vom Norden nach Süden in die ärmeren katholischen Gegenden ausbreitete, also entgegen seiner historischen Wurzel im natürlichen Tannengebiet des Oberrheingrabens. Der Grund dafür wird volkskundlich darin gedeutet, dass der sogenannte ›Lutherbaum‹ besser zu der vom Wort geprägten, protestantischen Christgeburtsfeier passte, um die traditionelle Krippenfeier der katholischen Christmesse zu verdrängen und sie durch das Vorlesen der Christusgeschichte unterm Lichterbaum zu ersetzen. Sicher ist auch, dass es in katholischen Gegenden zunächst Widerstand gab, weil der Brauch für ›neuheidnisch‹ gehalten wurde. Noch zu Beginn des 20. Jahrhunderts wurde mitunter gegen den Brauch des ›Christ- oder Weihnachtsbaums‹ im katholischen Klerus polemisiert. Die längst ganz Deutschland prägenden Fichten hatten in der Forstwirtschaft als ›Tannenbäume‹, ›Tännchen‹, ›Tännecken‹ oder ›Rottannen‹ die Vertretung und Funktion echter Tannen übernommen und eröffneten so den Wandel des protestantischen Begriffs ›Christ- und Weihnachtsbaum‹ zum wertfreieren des ›Tannenbaums‹. Er wurde unter dem neuen Namen fortan auch in der katholischen Bevölkerung angenommen. Die Pseudotanne in den Weihnachtsstuben wurde damit zeitgleich Vorbote der rationellen Forstwirtschaft und der Aufklärung, die sowohl vom katholischen Klerus wie von den Romantikern zuvor noch abgelehnt worden war.

Neben der konfessionellen Ablehnung des aufkommenden Brauchs gab es eine andere entlang der sozialen Schichtung, galt er doch bis in die zweite Hälfte des 19. Jahrhunderts als bürgerlicher Luxus und als abgehoben. So mancher Arbeiter ließ nichts auf sich kommen und verbat sich als strenger Vater trotz Flehen und Tränen der Kinder, dem bürgerlichen Klassenfeind nachzueifern. Die Frauenrechtlerin Adelheid Popp

(1869–1939) berichtet in ihren Kindheitserinnerungen, dass ihr Vater einmal den mühsam von ihrer Mutter vom knappen Haushaltsgeld abgesparten Tannenbaum am Heiligabend in Stücke schlug, weil er sich zuvor über einen Fabrikanten geärgert hatte.

Beginnend in den 70er-Jahren des letzten Jahrhunderts wurde die Fichte als Tannenbaum von einer echten, nämlich einer kaukasischen Tanne verdrängt. Dafür war nicht eine allgemeine Tannenliebe entscheidend, sondern der Wohlstand und die deutsche Vorliebe für Reinlichkeit. Die Nordmannstanne nadelt in der zentralgeheizten Wohnung im Vergleich zur Fichte kaum, es sprachen also praktische Gründe für den Wechsel von der gemeinen Rotfichte zur fremdländischen Nordmannstanne. Außerdem sieht sie schöner aus, da macht es nichts, dass sie deutlich teurer ist. Spätestens ab diesem Zeitpunkt hagelte es eine häufig zu hörende Kritik, mit dem Tannenbaum werde ein junger Baum lange vor seinem ökologischen Nutzen dem Wald geraubt und einem überflüssigen Konsumrausch geopfert. Der Tannenbaum ist indessen nicht der Grund, dass zu Weihnachten der Konsumrausch losbricht, eher bringt er die Menschen mit seinem Lichterglanz zur Besinnung.

Und ernsthaft dem Wald geschadet hat der Brauch zu keinem Zeitpunkt. Er war bis in die 70er-Jahre in der Fichtenwirtschaft eine willkommene, waldbaulich sogar erforderliche Nebennutzung der dicht gepflanzten Jungwälder. Die Nordmannstannen kommen dagegen heute aus der Sonderproduktion spezieller Plantagen. Diese Sonderkulturen nehmen dem Wald keine Flächen weg, sie zählen außerhalb des Waldes nicht einmal als Wald im Sinne des Gesetzes, so wie die mitunter bepflanzten, sonst

Ihrer ebenmäßigen Schönheit verdankt die Nordmannstanne ihren Aufstieg zum beliebtesten Weihnachtsbaum unserer Zeit.

baumfreien Forstflächen unter Hochspannungsleitungen. Die Produktion von Nordmannstannen braucht voll besonnte und leicht zu bearbeitende Flächen, und die fruchtbaren und klimatisch begünstigten Böden Schleswig-Holsteins und Dänemarks haben sich dafür besonders bewährt. Unsere Nordmannstannen sind also allesamt frühreife Kinder aus Sonderkulturen auf vormals landwirtschaftlichen Böden, die im Wald ohnehin kein langes Leben durchstehen würden. Sie sind ›Waisenkinder aus Heimerziehung‹, um im Sprachbild der behüteten Kinderstube zu bleiben. Sie sind allerdings auch nicht mit dem chemisierten und industrialisierten Ackerbau mit Mais oder Raps zu vergleichen, sondern landschaftsökologisch viel weniger belastend. In ihrer kaukasischen Heimat werden zudem die Zapfen der Altbäume zur Samengewinnung geerntet, was nicht nur etliche Menschen in den Gebirgsgegenden in Lohn und Brot durch gut bezahlte Arbeit bringt, sondern die wenigen noch vorhandenen und bedrohten Nordmannstannen-Altwälder in ihrem heimischen Naturraum zu erhalten hilft.

Die provokante Frage, wie viele Brote die Agrarwirtschaft indessen mehr produzieren könnte, wenn auf die Produktion von Weihnachtsbäumen verzichtet würde, geht deswegen am Kern der Sache vorbei. Erst recht sollte man die Finger von lebenden Koniferen im Pflanztopf lassen, wenn man die Natur schonen möchte. Sie vertragen den Wechsel von Draußen in die geheizten Wohnräume und zurück ins Freie nur selten. Sie sollten auch auf keinen Fall später in den Garten gepflanzt werden, denn da gehören Laub abwerfende heimische Gehölze hinein – für zufriedene Regenwürmer, zwitscherndes Leben und eine lebendige Gartenerde. Ein solcher Topf-Baum sollte zum Dreikönigsfest zersägt und zusammen mit seiner Erde auf den Kompost geworfen, wenn man nach Weihnachten etwas ökologisch Gutes aus einem solchen Fehlkauf machen möchte. Wichtiger ist, man kauft einen Baum aus der Region, der garantiert ohne Pestizide großgezogen wurde. Dann darf man sich mit reinem Gewissen jedes Jahr wieder auf den Lichterbaum in der Wohnung freuen. Er bleibt also eine erfolgreiche deutsche Erfindung, die weltweit Freude bereitet, Wohlbefinden spendet, einen Moment des Glücks beschert und zur Besinnlichkeit am Jahresende anregt.

Der Erfolg hat viele Väter. So wird auch der Brauch des weihnachtlichen Tannenbaums etlichen Kulturen zugeschrieben, so zum Beispiel in der amerikanischen Literatur der baltischen Kulturgeschichte. Wie aber bereits erwähnt, wurden immergrüne Zweige und Bäume traditionell und weltweit in winterkahler Zeit zu Kultzwecken genutzt. In den USA stellte 1830 der heimwehkranke deutsche Professor Charles Follen den ersten dekorierten Weihnachtsbaum kurzentschlossen in der Halle der renommierten Universität Cambridge auf.

Es gibt sogar in der muslimischen Volkskunde Stimmen, die den Weihnachtsbaum mit islamischen Traditionen in Verbindung bringen, und sei es noch so weit hergeholt. Was freilich die Partei des türkischen Präsidenten Erdoğan nicht daran hindert, alljährlich gegen ihn als Menetekel westlichen Denkens zu polemisieren. »Haben Sie schon einmal einen Christen gesehen, der das islamische Opferfest begeht?« plakatierten in Istanbul erst jüngst Weihnachtsgegner und Anhänger seiner Partei, der AKP, und monierten entrüstet: »Wir sehen Muslime, die das christliche Fest feiern!« Gezielt politisch missbraucht

Alle Jahre wieder: Das Schmücken des Baums ist elementarer Teil des weihnachtlichen Brauchs. Unbekannter Künstler, 2. Hälfte des 19. Jh.

wurde er indessen ausgerechnet im Geburtsland des Brauchs, in Deutschland zu Zeiten des Krieges, und erst danach auch bei seinen Kriegsgegnern. Er wurde systematisch zum Wehr- und Durchhaltewillen der Bevölkerung in Kriegszeiten benutzt, was ihn aber letztendlich über die Landesgrenzen hinaus weltweit bekannt machte. Dieser Missbrauch schloss den Schmuck des Baumes mit ein.

Die Kunst des Schmückens ist inzwischen soziologisch ähnlich aussagekräftig wie der Einrichtungsstil und die Wahl der Automarke. Anfangs bestand der Schmuck vorwiegend aus Kerzen, Äpfeln und Gebäck, die auf den christlichen Gabenbaum hinwiesen. Entsprechend wurde das Jesuskind in der christlichen Kunst häufiger zusammen mit einem Gabenbaum dargestellt, so zum Beispiel in einem Christophorus-Aquarell aus dem Jahr 1601. Der christliche Gabenbaum konnte jeder Baum sein, nicht nur ein immergrüner. Er stand für die Fürsorge Gottes, die sich die Gotteskinder ersehnten. Das Licht der Welt ist das Christkind, der Mensch gewordene Sohn Gottes, den Gott-Vater nach christlicher Glaubenslehre entsandte, um die Menschheit aus der Dunkelheit ihrer Sünden und des Unrechts zu befreien. Insofern kommt Weihnachten als Geburtsfest Jesu Christi im Glaubenskanon aller christlichen Konfessionen neben dem Osterfest eine zentrale Stellung zu, zumal es in der dunkelsten und kältesten Jahreszeit gefeiert wird. Der mit Kerzen geschmückte, hell erstrahlende Tannenbaum konnotiert diesen zentralen Glaubensinhalt der Christenheit und weist zugleich auf die irdische Verlorenheit in der Unendlichkeit und Dunkelheit des Kosmos hin. Als christlicher Weihnachtsbrauch etablierte er sich im ganzen Volk nicht zufällig zur Zeit der Aufklärung. Sie war es, die die Naturwissenschaften und die Philosophie entfesselte und vielen Menschen die kosmische Verlorenheit des Lebens in vollem Umfang erstmals bewusst machte.

Der Maler Ludwig Richter (1803–1884), ein katholischer Spätromantiker, verarbeitete dieses Empfinden seiner Zeit, indem er den Tannenbaum zum christlichen Weltenbaum erhob. Er erschuf damit eine bildnerische Metapher, die von der Mitte des 19. Jahrhunderts an bis in die Zeit des Kaiserreichs das Motiv für zahllose Postkarten lieferte. Als Weltenbaum kommt der Weihnachtsbaum aus dem All hernieder in die Familien und zu den Menschen in Städten und Dörfern. Er bringt, umringt von himmlischen Cherubinen und mit dem auf seinen Zweigen gebetteten Christuskind, das Licht der Welt. Richter greift damit die archaische Metapher des Weltenbaums nichtchristlicher Kulturen und Naturvölker auf. Als Weltenbaum repräsentiert der senkrechte Stamm die Weltachse, die Verbindung zwischen der Wurzel in der Erde als der Unterwelt des Bösen sowie der Götterwelt mit seiner alles Irdische überschirmenden Krone. Die Achse zwischen beiden Sphären definiert die Lebenswelt des Menschen. Kurze Zeit nach Richter knüpfen die Nornen in Richard Wagners *Götterdämmerung* ihr Seil nicht mehr an der Weltesche, die Wotan mit dem Speer vernichtet, sondern am Tannenbaum an:

[…] *brach da Wotan einen Ast;*
eines Speeres Schaft
entschnitt der Starke dem Stamm.
In langer Zeiten Lauf

Ludwig Richter erhob 1854 den Tannenbaum zum christlichen Weltenbaum, dem aus dem Himmel herniederkommende Lichterbaum der Christenheit.

Zehrte die Wunde den Wald;
Falb fielen die Blätter,
dürr darbte der Baum,
traurig versiegte des Quelles Trank:
trüben Sinnes ward mein Gesang.
Doch, web' ich heut'
An der Weltesche nicht mehr,
muß mir die Tanne
taugen zu fesseln das Seil:
singe, Schwester, – dir werf' ich's zu.
Weißt du, wie das wird?

Als christlicher Weltenbaum verbindet der Tannenbaum, wie die Weltenbäume in allen anderen Religionen und Kulturen, die Sphäre des göttlichen Himmels mit der irdischen Gebundenheit und Mühsal der Menschen. Er verbindet sie mit Gott und ihrer Hoffnung auf befreiende Erlösung. Als Gabenbaum ist er Metapher göttlicher Fürsorge und beschert den Menschen materielle Güter, die sie zum Leben brauchen. Als Lichterbaum bringt er ihnen das Licht Gottes, um sie zur Einsicht in Menschlichkeit, Güte und Zuversicht in der Unendlichkeit des Universums anzuhalten. Deswegen war der Christbaumschmuck bis ins beginnende 19. Jahrhundert geprägt von christlicher Symbolik, dargestellt in kunstvoll gefertigten Figürchen, Formen und silbernen Glaskugeln, die die Wirkung seines Kerzenlichts noch verstärkten und den Tannenbaum im Herzen der Menschen verankerten wie sonst kaum einen anderen Baum. Diese besinnliche Deutungskraft verlor er erst durch seinen politischen Missbrauch.

Es waren der preußische König Wilhelm I. und sein Enkel Kaiser Wilhelm II., die seine emotionale Attraktion für ihre politischen Ziele erstmals nutzten. Wilhelm I., der kurze Zeit später erster deutscher Kaiser wurde, soll 1870 anlässlich einer weihnachtlichen Siegesfeier im Schloss Versailles zwei riesige Tannenbäume aufgestellt haben. Schon davor hatte der König bereits Fichtenbäumchen an der Front verteilen lassen, die etliche Soldaten zum Fronturlaub als Weihnachtsgeschenk mit nach Hause brachten. Dies soll für viele der einfachen Soldaten aus allen Konfessionen und Teilen Deutschlands das erste und prägende Weihnachtsbaumerlebnis gewesen sein, das sie fortan alljährlich an den glorreichen, deutschen Sieg erinnerte. Deutscher Sieg und deutscher Weihnachtsbaum verschmolzen zu einem nationalen Narrativ, was den Kriegsgegnern nicht verborgen blieb. Aus der christlichen Botschaft des Lichts und des Friedens wurde unversehens das Gebot einer mit militärischen Mitteln zu schützenden deutschen Familie.

Von da an bis zum kriegslüsternen Baumschmuck des Ersten Weltkriegs 40 Jahre später war es nur noch ein kleiner Schritt. Es gab ab 1914 Baumschmuck in Form von kleinen, gläsernen U-Booten und Eisernen Kreuzen aus Pappe, Spielzeuggranaten und -kanonen, Pickelhauben als Baumspitze oder einem kleinen, silbernen Kaiser Wilhelm II. anstelle des vormals gläsernen Christkindes. Sowohl das Weihnachtsfest des Siegers Wilhelm I. in Versailles wie die Germanisierung östlicher Teile Frankreichs nach ihrem Anschluss ans Reich brachten den Baum auch in die Stuben vieler französischer Familien. Er wurde, wie überall auf der Welt, als Botschaft zum Friedensfest begrüßt. In England, dem späteren Kriegsgegner, kam der

Prinz Albert von Sachsen Coburg bescherte dem britischen Empire nicht nur die Erste Weltausstellung, sondern steckte auch alle Engländer mit seiner Begeisterung für den Weihnachtsbaum an. Ihn alljährlich zu schmücken ließ der König sich nicht nehmen.

Weihnachtsbaum auf dem sanfteren Weg über die glückliche Ehe Queen Victorias mit ihrem deutschen, überaus beliebten Gatten Prinz Albert von Sachsen-Coburg unter das Volk. Das in allen Gazetten ausgebreitete weihnachtliche Familienglück des britisch-deutschen Herrscherhauses war geradezu ein royales Marketing für den noch jungen Brauch aus Deutschland. Auch standen Fichten als Tannenbäume im England der zweiten Hälfte des 19. Jahrhunderts aus landesweiten Aufforstungen der übernutzten Laubwälder überall zur Verfügung.

Es verwundert nicht, dass die Kriegsberichterstatter und Soldaten schon im Ersten Weltkrieg Merkwürdiges von der Front zu berichten hatten. So schrieb der Soldat Carl Roeloffs von der Front an seine Eltern nach Föhr:

> *In unserem Unterstand hatten wir einen kleinen Weihnachtsbaum angezündet, um den herum wir lagen und Weihnachtslieder sangen. ... Um 1 Uhr stellten wir einen brennenden Tannenbaum auf die Brustwehr, so daß die Franzosen, die vor uns lagen, ihn sehen konnten, und sangen dann einige Lieder in der sternklaren Weihnachtsnacht. Die Franzosen waren ganz ruhig und schossen nicht. Nach einer Stunde wurde der Tannenbaum wieder heruntergenommen und die Schießerei fing wieder an.*

Was blieb, war der Weihnachtsbaum als Symbol des Friedens und der Waffenruhe. Millionenfach wurden der Geliebten daheim Feldpostkarten geschickt mit erbaulichen Abbildungen, meist mit national geschmücktem Tannengrün darauf – zur Beruhigung der allmählich unzufriedener werdenden Heimatfront. Umgekehrt, in Richtung Front, fuhren die Postzüge mit Abermillionen der in Mode gekommenen Fotokarten mit den

Weihnachtsgrüßen der Geliebten und Ehefrauen unterm Weihnachtsbaum. Mit sehnsüchtigen Blicken der Damen, damit die Männer auch wussten, wofür sie zu kämpfen hatten. Welche emotionale Kraft und Besinnlichkeit des Innehaltens der Tannenbaum seitdem in dunkelster Zeit des Kriegsmordens überall auf der Welt zu stiften vermag, darf nicht darüber hinwegtäuschen, dass er schamlos instrumentalisiert wurde, um das tägliche Morden zu verschleiern.

Der Umgang mit dem Weihnachtsbaum während des Zweiten Weltkriegs und der Nazizeit ist Kardinalbeispiel für den ideologischen Missbrauch. Mit seiner christlichen Konnotation wollten die Nazis nichts zu tun haben, deuteten ihn als urgermanisch um; in regimetreue Familien hieß er fortan ›Julbaum‹. Das Weihnachtsfest wurde 1935 als ›deutschestes Fest‹ im germanischen Jul zur Wintersonnenwende verortet und mythologisch zum ›Deutschen Auferstehungs- und Erlösungsfest‹ überformt. Die Krippe, wie die Geschichte von der Geburt Jesu sowie christliche Weihnachtslieder erübrigten sich in jeder ›guten Nazifamilie‹.

Viktor Klemperer (1881–1960) beschreibt das 1938 in seinen berühmten Tagebüchern:

> *Gestern zum ersten Mal im dritten Reich ist die Weihnachtsbetrachtung der Zeitung gänzlich dechristianisiert. Großdeutsche Weihnacht – der deutschen Seele die Neugeburt des Lichtes, die Auferstehung des deutschen Reiches bedeutend. Der Jude Jesus und alles Geistliche und allgemein Menschliche ausgeschaltet.*

Das beliebte Weihnachtslied *O Tannenbaum, O Tannenbaum* war aus historischem Zufall ohne jeden Bezug zur Christen-

Lithografierte Postkarte 1914; der Lichter- und Gabenbaum sollte nicht nur die Soldaten an der Front mobilisieren, sondern vor allem die ›Heimatfront‹, die Menschen daheim.

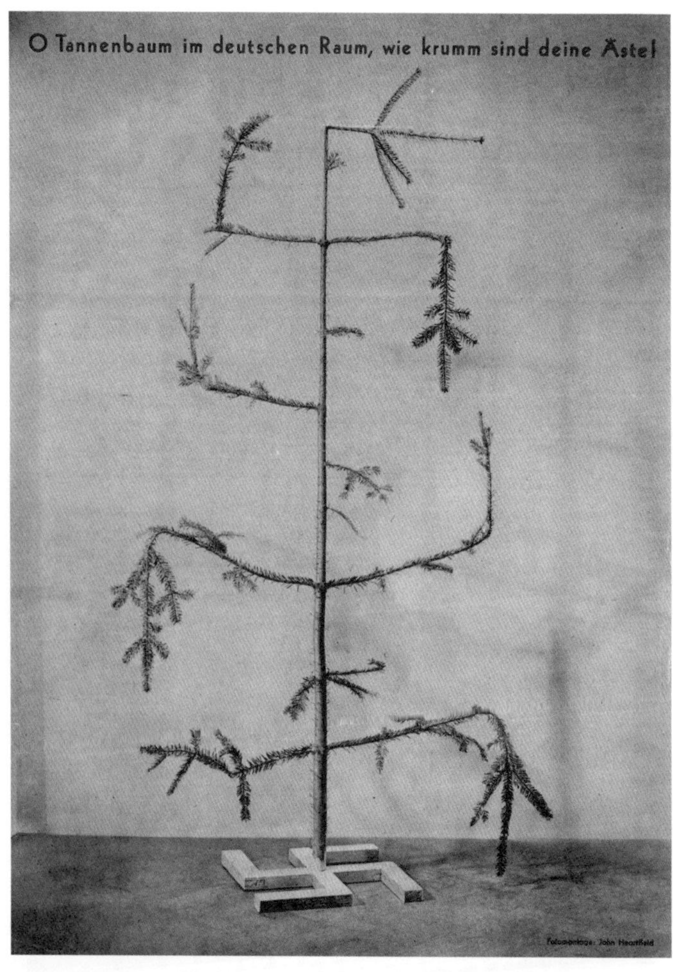

»Dem christlichen Tannenbaum wird laut Erlaß des Reichsernährungsministers Darré ab Weihnachten 1934 als artfremden Eindringling auf deutschem Boden die Fortpflanzung verboten. Erlaubt ist künftighin nur noch der in Wallhall gezüchtete braune ›Einheitstannenbaum – DRGM*‹.« untertitelte der Dadaist John Heartfield 1934 seine satirische Fotomontage.*

heit und insofern ideologisch neutral; es durfte deswegen weiterhin gesungen werden. An die Stelle christlicher Elemente traten Lichtsprüche, völkische Lieder und kleine Hakenkreuze als Baumschmuck, die den Zusammenschluss von Volksgemeinschaft und Führer versinnbildlichen sollten. So wie auch der NS-Mutterkult die Marien-Verehrung verdrängte. Weihnachten 1938 wurde erstmals das ›Mutterkreuz‹ an Mütter mit Arier-Ausweis verliehen.

Doch die längst gefestigte emotionale Bindung der einfachen Leute und Soldaten an die Kraft der christlichen Besinnung im Lichterglanz eines Tannenbaums konnten die Nazis nicht eliminieren oder umkehren. Vielmehr erkannten die Kriegsgegner die tiefe Bindung der deutschen Soldaten an ihren Weihnachtsbaum und nutzten ihn im Kessel von Stalingrad zur propagandistischen Kriegsführung. Die russischen Offiziere präsentierten nachts den ausgehungerten und frierenden deutschen Soldaten in den häufig nur 80–100 Metern entfernten Schützengräben strahlende Lichterbäume, spielten ihnen über Lautsprecher deutsche Weihnachtslieder vor und forderten sie zum Überlaufen auf, bekanntlich mit großem Erfolg.

Die deutschen Kriegsgefangenen pflegten später ihren Brauch unter widrigsten Bedingungen in den Lagern notgedrungen erfindungsreich weiter, soweit es ihnen überhaupt möglich war. Daheim sahen sich die Alliierten zu Weihnachten gezwungen, in den ersten Nachkriegsjahren ausreichend Fichten für kinderreiche Familien auf Bezugsschein bereitzustellen. Beide Kriege im Europa des 20. Jahrhunderts haben den Tannenbaum letztendlich zum emotionalen Gemeingut der ganzen Welt gemacht.

Auch die seit Generationen bei Harztouristen besonders beliebten ›Dicken Tannen‹, sind tatsächlich imposante Fichten, die die nächsten Jahre wohl nicht überleben werden. Fotopostkarte um 1920.

Fast ein Nachruf

Doch kehren wir vom weihnachtlichen Tannenbaum zurück zur Weißtanne. Ihr Anteil an den Mischwäldern in der Zeit vor der menschlichen Besiedlung der Gebirgstäler ist nur mittelbar, z. B. durch Ergebnisse von Pollenanalysen auszumachen und wird inzwischen wissenschaftlich als sehr hoch eingeschätzt, so zum Beispiel im Schwarzwald in vorzivilisatorischer Zeit auf immerhin 43%. Entsprechend dürften Tannen in den Bergmischwäldern nördlich der Alpen etwa 35–50% der Baumschicht eingenommen haben. Die frühe Nutzung der Naturwälder war unregelmäßig und unsystematisch. Die beschränkte Möglichkeit des Transports gefällter Bäume bedingte den Siedlungsbau in der Nähe der Wälder und Flüsse. Diese ungeordneten Einschlagsmethoden wurden später als unregelmäßiges ›Plentern‹, ›Femeln‹, ›Ausleuchten‹, ›Schleichen‹, ›plätziges Aushauen‹ oder ›Löcherhiebe‹ bezeichnet. Die dadurch entstehenden, meist kleinstflächigen Lichtschlote im sonst geschlossenen Walddach waren für die natürliche Ansamung der Tannen aber eher günstig. Sie änderten an der Mischung der Baumarten der Wälder nur wenig und wenn überhaupt nur in Richtung eines höheren Buchenanteils, der das Waldbinnenklima stützte und die waldtypische Windruhe sogar verbesserte. Windruhe im Waldesinneren ist neben dem Halbschatten ein wichtiger, ja unverzichtbarer, natürlicher Faktor für die Ansamung von Weißtannen. Außerdem begünstigten die Löcherhiebe den Buchenaufschlag und in tieferen Lagen auch den der Eichen. Die Laubstreu von Buchen und Eichen bietet das ideale Keimbett für die Tanne.

Als Folge dieser unplanmäßigen, dem Zufall folgenden, und mit Blick auf den lokalen Bedarf meist maßvollen Raubbau-Nutzung erhielten sich die natürlichen Tannenanteile in den kontinentaleuropäischen Gebirgen fast unbeschadet bis ins 17. und 18. und in Südosteuropa sogar bis ins 20. Jahrhundert. Es lässt sich also sagen: Die planlose Einzelnutzung der stärksten Stämme zerstörte das Mehrgenerationenhaus des Bergmischwaldes nicht. Entsprechend belegen verschiedene Quellen aus Regionen, aus denen die Weißtanne inzwischen verschwunden ist, dass sie noch lange Zeit nach dem Mittelalter reichlich vorhanden war; so zum Beispiel im Frankenwald, Thüringer und Bayerischen Wald, in Oberschwaben und Mittelfranken, dem bayerischen Hochgebirge sowie im Fichtelgebirge, in denen um 1600 noch überall von Anteilen in Höhe von 30 % und mehr berichtet wird. Gut belegt sind statistische Walddaten aus den vom Bergbau geprägten, zunehmend übernutzten Wäldern des Erzgebirges. Zwischen 1550 und 1650 blieb dort der Tannenanteil stabil bei 30 %, um ab 1650 rasch zu fallen. Schon um 1750 betrug er weniger als 10 %, um zur Mitte des 19. Jahrhunderts in vielen Revieren auf niedrige einstellige Mischungsanteile zu sinken oder sogar ganz zu verschwinden. Das Ergebnis war schlussendlich ein von Fichten beherrschtes Erzgebirge fast ohne Tannen wie überall, dafür aber mit den bekannten Problemen regelmäßig wiederkehrender, flächiger Waldkatastrophen bis auf den heutigen Tag.

Im immer noch tannenreichsten Gebirge Deutschlands, dem

Zeugnisse der Forstwirtschaft: Eine Waldlichtung als Holzacker. Joseph Holzner, Motiv aus dem Wienerwald, *1876.*

Schwarzwald, verlief die Entwicklung nicht ganz so tannenfeindlich wie in den anderen süddeutschen Gebirgen. Dort hatte sich selbst über die Zeit des Holländerholzhandels hinweg eine bäuerliche Waldwirtschaft erhalten, die zwar ebenfalls die starken Tannen und Fichten aushieb, aber den Zwischenunterstand der nicht hiebsreifen Baumschicht für mehrere Jahrzehnte danach schonte. Aus ihm erwuchsen dann erneut starke Tannen und Fichten in den Oberstand heran. Diese Wirtschaftsweise in dem eher kleinbäuerlichen Waldbesitz – meist nur 50 bis 200 ha groß – setzte die seit Jahrhunderten erfolgende Zufallsnutzung fort, ohne dem Wald in seiner systemischen Kontinuität als produktives Ökosystem dauerhaft zu schaden. Sie wurde also zu Unrecht später von den Förstern als ›Plündernutzung‹

verballhornt. Man nannte sie korrekt ›Plenterwirtschaft‹, die bis heute ohne wesentliche Unterstützung der Forstwissenschaft allein auf Grundlage bäuerlicher Empirie fachlich und planerisch verfeinert wurde. Diese Betriebe sind und waren ununterbrochen hochrentabel und dienen als Vermögensstock und gut verzinsende Sparkasse den landwirtschaftlichen Hauptbetrieben ihrer bodenständigen Eigentümerfamilien. Deren finanzielle Unabhängigkeit und Krisenfestigkeit prägten in den folgenden Jahrhunderten eine selbstbewusste, gegenüber der Obrigkeit kritische Bürgerschicht in den Kommunen des Schwarzwaldes, die die Politik Badens und Schwabens entscheidend mitbeeinflusste und die Region einst nicht zufällig zum Stammland der Liberalen machte.

Diese privaten und wenigen kommunalen Plenterwälder sind heute die ästhetisch schönsten und prächtigsten Wälder Deutschlands, und die stabilsten dazu. Zwar wurden auch sie von den diversen Flächenkatastrophen, vor allem den Orkanen 1990 und 2000, geschädigt, aber sie verloren jeweils nur ihre starken Oberständer in der herrschenden Baumschicht, und ihre jeweils nicht betroffenen Zwischen- und Unterschichten produzierten schon im Folgejahr, durch den Lichtungsgewinn angefeuert, umso wuchskräftiger weiter. Sie zeigten schon wenige Jahre später wieder die beeindruckende Struktur eines gesunden Mehrgenerationenhauses.

Ganz anders verlief die Nutzung in den großen Waldungen im Eigentum der deutschen Fürstenstaaten. Die Waldlandschaft des Schwarzwaldes gegen Ende des 18. Jahrhunderts war deswegen durch zwei extreme, gegensätzlich Waldzustände geprägt: Einerseits waren wie in vielen deutschen Fürstenstaaten auch im Schwarzwald viele Bergkuppen und ganze Höhenzüge vergrast oder verbuscht. Viele ausgehauene Bergmischwälder waren verlichtet und drohten unter lockerer Beschirmung ebenfalls zu vergrasen, weil zugunsten der dörflichen Bevölkerung gewohnheitsrechtliche Sondernutzungsrechte befriedigt werden mussten, wie z. B. die zur Weide-, Brennholz- oder Streunutzung. Andererseits, und nur auf den Schwarzwald beschränkt, existierten in privater Bauernhand und in wenigen kommunalen Wäldern die wuchsfreudigen, meistens intakten und nach bäuerlicher Empirie bewirtschafteten Plenterwälder aus der jahrhundertealten angeblichen Plündernutzung. Zwei waldwirtschaftliche Gegensätze, wie sie krasser nicht ausfallen konnten.

Das öffentliche Forstwesen und die junge Forstwissenschaft in den Diensten der Landesherren und deswegen traditionell stark mit deren Jagdvergnügen verbunden, konzentrierte sich an der Schwelle zur Waldbauzeit stattdessen auf die meist unproduktiv gewordenen Kahlflächen. Sie lernte an ihnen, Altersklassenwälder auf der Freifläche zu begründen, sie später schlagweise zu nutzen und die unregelmäßig genutzten bäuerlichen Plenterwälder sogar zu bekämpfen. Sie suchten nach Planbarkeit, Kontrollierbarkeit und Ordnung in der Holzproduktion. Man nannte sie ›Kameralisten‹, weil sie der Wirtschaft des Fürstenhauses zu dienen hatten. Mit Kameralistik bezeichnet man darum in der Wirtschaftstheorie die spezielle deutsche Variante des Merkantilismus. Das lateinische Wort *camera* bedeutet so viel wie Zimmer, Gewölbe oder auch Schatztruhe, mit dem das ausgeraubte Grüne Gewölbe des Dresdener Schlosses,

Bereits 1840 müssen die erkrankten Fichten geschlagen und die Raupen des Fichtenspanners abgesammelt werden. Die Arbeiter erfrischen sich in der improvisierten Waldgaststätte, der sogenannten Raupen-Wirtschaft im großen Altdorfer Wald.

in dem die Preziosen aufbewahrt wurden, begrifflich in Zusammenhang zu stellen ist. Die Kameralistik ist primär auf den heute auch als ›Cash Flow‹ bezeichneten jährlichen Finanzbedarf der öffentlichen Haushalte ausgerichtet. Weswegen der kommunale Kämmerer, der für einen stets flüssigen Haushalt der Gemeinde zu sorgen hat, sich begrifflich davon ableitet. In der Spätphase der absolutistischen Fürstenstaaten entwickelten die Fürstenhöfe nämlich einen ungeheuren Finanzbedarf aus vielerlei Gründen, aber insbesondere wegen ihrer Repräsentations- und Verschwendungssucht. In der Kunstgeschichte wird diese Zeit als Barock bezeichnet, also die Stilepoche, die nicht zufällig wegen ihrer überreichen Verzierungs-, Veredlungs- und Vergoldungsliebe sowie ihren Prunk-Hinterlassenschaften auffällt und in unserer eher schlichten Zeit staunend in Museen bewundert wird. Das Wirtschaftsprinzip der Kameralistik erschöpfte sich, entgegen dem Anspruch auf Nachhaltigkeit, damals wie noch heute in allen öffentlichen Haushalten im jährlichen Abgleich von Einnahmen und Ausgaben und nicht in der Berechnung langfristiger Wirtschaftlichkeit, wie sie das Kennzeichen jeder Gewinn- und Verlustrechnung privater Wirtschaftstätigkeit ist.

Der Steuer- und Beamtenstaat, das Zollwesen und nicht zuletzt das Forstwesen wurzeln und denken immer noch in der verkürzten Logik und Tradition der Kameralistik. Sie passte nicht nur ideal zur Ordnung und Kontrolle der Altersklassenwirtschaft, sondern schützte das junge Forstwesen gleichzeitig davor, aus den immer häufiger auftretenden, aber selbstverschuldeten Kalamitäten klug werden zu müssen. Dieses Kurzfristdenken in jährlichen Einschlags- und Vermarktungsplänen beherrscht die Forstwissenschaft wie das dominierende öffentliche Forstwesen bis auf den heutigen Tag – nicht zuletzt zum Schaden der Tanne und der Reste des Bergmischwaldes. Spätestens zum Zeitpunkt, als sich die Forstschulen und Akademien (die heutigen Forsthochschulen und die Forstfachbereiche an den Universitäten) etabliert hatten, also in der zweiten Hälfte des 19. Jahrhunderts, war die Weißtanne weitgehend aus den Wäldern verschwunden. Scheinbar auf nimmer Wiedersehen, denn in den längst von Fichtenmonokulturen

Das Bild Gebirgslandschaft *von Caspar David Friedrich blieb nach seiner eigenen Aussage unvollendet, das Werk der Förster hingegen nicht. Es ist vollbracht: der deutsche Wald ist verfichtet.*

dominierten Gebirgen erreichte sie nur sehr selten noch 3% Anteil an der Waldbestockung. Im Schwarzwald, allein wegen der bäuerlichen Plenterwaldwirtschaft, blieb der Tannenanteil ein wenig höher. Für die deutsche Landschaftsmalerei, die sich zeitgleich entwickelte, stand die Tanne darum mit ihrer typischen Baumsilhouette nicht einmal mehr als Modell zur Verfügung. Das macht Tannengemälde bis heute zu raren Objekten dieser Malepoche.

Doch es sollte noch schlimmer kommen. Alle Methoden waren primär darauf ausgerichtet, die angeblich geplünderten Femelwaldungen mit gleichaltrigen Bäumen derselben Art zu bepflanzen. ›Femelwald‹ war der Fachbegriff, der sich für die kleinflächige Nutzung und Verjüngung der noch in Resten vorhandenen Bergmischwälder gebildet hatte. Das Femeln und Plentern wurde 1833 im Badischen Forstgesetz unter §17 sogar verboten, dort hieß es schlicht und bündig: »Das Verfahren einer Plänter- oder Femelwirtschaft ist unstatthaft!« Das kam für die Tanne als dem einst prägenden Charakterbaum des Schwarzwaldes im öffentlichen Wald einem Vernichtungsbefehl gleich, der erst 1976 durch das Baden-Württembergische Landeswaldgesetz wieder aufgehoben wurde. Ohnehin hat die schlagweise Wirtschaft systembedingt unüberwindbare Probleme, Mischwälder zu erziehen und zu erhalten. Deswegen ist ihre Geschichte eine unablässige Abfolge von Fehlinvestitionen beim Versuch, Mischbaumarten in ihre homogenen Wälder einzubringen. Die Weißtanne, so mussten es die Förster immer wieder bitter erfahren, macht es ihnen besonders schwer. Sie sträubt sich, als Baumschulpflanze ausgepflanzt zu werden, wächst nicht auf der Freifläche an, ein reiner Tannenwald hat alle möglichen Krankheiten, und selbst Schädlinge und Schadpilze beginnen dann, ihr das Leben schwer zu machen. Will man sie erfolgreich zurückbringen, heißt das zwangsläufig, zu altersgemischten Mehrschichtwäldern zurückzukehren. Die Weißtanne hält der schlagweisen Wirtschaft unerbittlich den Spiegel ihres Unvermögens vor, so unverblümt wie sonst keine andere Baumart das tut.

So haftet der Weißtanne seit der zweiten Hälfte des 19. Jahrhunderts der Ruf an, aus unerklärlichen Gründen stets kränklich und ein Mimöschen zu sein. Die Forstleute in ganz Europa rätselten immer wieder über neuartige Symptome, ohne sich zu fragen, warum diese Krankheiten in den damals noch intakten Mehrschichtwäldern Südosteuropas nicht auftraten.

So war es ein glücklicher Zufall der Forstgeschichte, dass sich im heutigen Süd-Slowenien, dem damaligen Fürstlich Auersperg'schen Großprivatwaldbesitz Gottschee (das heutige Kočevje), ein junger Betriebsleiter zur selben Zeit wie einige Forstleute der Schweiz Gedanken machte, warum überall, wo sich die moderne, deutsche Forstwirtschaft etablierte, die Tanne verschwand. Leopold Hufnagl (1857–1942), der als Nonkonformist wegen Widerspruchs gegen die herkömmliche Wirtschaft der K. u. K.-Domänenverwaltung in Niederösterreich auf eine Staatseinstellung verzichten musste, erkannte im Altersklassenwaldbau und dessen Verzicht auf das Mehrgenerationenhaus des natürlichen Waldes die Ursache.

Er stellte darum konsequent auf kleinstflächige und einzelbaumweise Nutzung mit natürlicher Absaat um, ein damals revolutionäres Vorgehen. Man darf ihn deswegen heute ohne Übertreibung zum Vordenker der slowenischen Umweltbe-

Im Schweizer Tannenwald findet der Lehrer von Hans Thoma, Johann Wilhelm Schirmer, die unverwechselbare Weißtanne.
Abhang im Tannenwald, *1835.*

wegung ausrufen. Hufnagl erkannte die Einmaligkeit der Urwaldreste von Kočevje, im Karstgebiet der Dinarischen Alpen, die deswegen bis heute nicht nur Bären und Wölfen einen Lebensraum bieten, sondern auch Tannen in ihrer ursprünglichen Pracht und Mächtigkeit beherbergen. Sein Wirken hat die ehemals von ihm bewirtschafteten Wälder zu einem attraktiven Naturparadies gemacht, das heute ein Vielfaches seiner forstlichen Wertschöpfung im Naturtourismus erwirtschaftet. Der Anblick der alten Tannen und geschützten Urwaldreste des Buchen-Tannen-Fichten-Bergmischwaldes rauben jedem Besucher den Atem. Es sind Wälder, die schon damals für die Fürstenfamilie hochrentabel wurden und es heute, als öffentlicher Waldbesitz, immer noch sind. 1890 bis 1892, die ersten Jahre seiner Amtszeit im fürstlichen Dienst, gelten darum als Gründungsphase des europaweit vorbildlichen slowenischen Naturschutzes. Nur vier Stunden Autofahrt von Bayern entfernt kommt der Besucher heute in den Genuss eines Anblicks von Tannen in einem vor Kraft und Gesundheit strotzenden, naturnahen Wirtschaftswald.

In der Schweiz waren es zur selben Zeit einige wenige Forstleute, die aus dem Niedergang der Tannen in ihren Wäldern ähnliche Konsequenzen zogen. Traditionell sind die schweizerischen Forstleute als kantonale Angestellte selbstbewusste Waldschützer und keine ehemals jagenden, der Obrigkeit ergebenen Beamte wie die deutschen. Der junge Waldbauprofessor Arnold Engler (1869–1923) griff die Gedanken eines deutschen Waldbaukollegen, des Münchner Professors Karl Gayer (1822–1907) auf, dass fehlende Mischbaumarten für viele der auftretenden

Probleme des schlagweisen Waldes verantwortlich seien und es besser wäre, zum einstigen Femelschlag zurückzukehren. Engler, und nach ihm einige andere wie Biolley, Schädelin, Balsiger und zuletzt Walter Ammon, gaben dem in Deutschland hartnäckig ignorierten Gayer in seiner Kritik recht, griffen sie auf und entwickelten daraus das System des schweizerischen Plenterwaldes, wie er seitdem weltweit bewundert wird.

In seinen Methoden entspricht er in vielem der bäuerlichen Nutzung im Schwarzwälder Plenterwald, die zu ähnlich überzeugenden Ergebnissen führen. Der deutsche Kammerforstdirektor Karl Dannecker (1883–1972), ebenfalls ein Nonkonformist, der in den 30er-Jahren nicht in den Staatsdienst aufgenommen wurde, stand mit seinem Schweizerischen Kollegen Ammon (1878–1956) in regem Austausch und engagierte sich in Baden und Württemberg für die Wiederbelebung und Fortentwicklung des bäuerlichen Plenterwaldes, gegen größte Widerstände selbst im Laubwald. Nach der Wiedervereinigung Deutschlands konnte die Fachwelt später großflächige Buchenplenterwälder bestaunen, die es laut westdeutscher Waldbauwissenschaft überhaupt nicht hätte geben dürfen. Sie überlebten trotz der für den Sozialismus typischen Gleichmacherei als in der DDR-Waldbauwissenschaft hochgeschätztes, ehemals bäuerlich-genossenschaftliches Erbe in der Region um Keula und Mühlhausen (Thüringen) – unter allerdings beschämendem Schweigen westdeutscher Waldbauwissenschaftler. Während in Keula prächtige Buchenplenterwälder wuchsen, lernten in Westdeutschland alle Forststudenten seit dem Kriegsende, Plenterwälder seien, wenn überhaupt, nur mit Fichte und Tanne möglich.

Der Sturm hat dem Eremiten Holz für seinen Unterschlupf am Fuße der Weißtanne beschert, und ihr selbst aus »Wasserreißern« eine Sekundärkrone aufgesetzt. Roelant Savery, Waldlandschaft mit Eremit, *1608.*

Dannecker hatte in den 30er-Jahren eine Reihe von Privatforstbetrieben überzeugt, sich als Plenter-Versuchsreviere zur Verfügung zu stellen, und behielt gegen heftige Ablehnung seiner staatlichen Kollegen mit seiner waldbaulichen Beratung recht. Danneckers Musterreviere im adligen Privatwald sind seit 90 Jahren hochrentabel und krisenfest. Sie zählen heute zu den baumartenreichen und wertvollen Wäldern und haben sich bei Katastrophen als sehr widerstandsfähig erwiesen. Ihr Tannenanteil beträgt inzwischen ohne künstliche Anpflanzung das Fünf- bis Zehnfache im Vergleich zum allerdings vormals sehr geringen Anteil der 30er-Jahre; er erreicht heute nicht selten wieder 15 bis 20 % im natürlichen Baumnachwuchs, lässt also für die Zukunft der Tannen hoffen. Im staatlichen Forstdienst fand Dannecker trotz seines Durchsetzungsvermögens keine Nachahmer. Er ist nicht etwa an seiner angeblich stets kränkelnden und mimosenhaften Weißtanne gescheitert – sie entwickelte sich prächtig –, sondern als Außenseiter am Beamtenapparat.

Im öffentlichen Wald fuhr man unbeirrt mit der schlagweisen Forstwirtschaft fort und verfeinerte vor allem die ›Standorterkundung‹ für den Altersklassenwald, obgleich sie nur dort notwendig wird, wo zuvor ein Wald beseitigt werden muss, um einen neuen an seine Stelle zu pflanzen. Standorterkundung klingt begrifflich so ökologisch wie wissenschaftlich, reduziert aber den Blick auf die Holzertragsfähigkeit, um die es ihr primär geht. Die entscheidende Frage nach der inneren Waldstruktur im Wirtschaftswald, dem Mehrgenerationenhaus, wurde und wird weiter ignoriert.

Zur Wende der 60er- und 70er-Jahre des letzten Jahrhunderts trat wieder einmal eine unbekannte Erkrankung bei den nur noch wenigen verbliebenen Alttannen auf, die ihren endgültigen Garaus einzuläuten schien, selbst in den Plenterwäldern. Fast alle noch verbliebenen Alttannen entwickelten Nasskerne im Stamm und ihre Kronen verlichteten sich zusehends. Jahrringanalysen zeigten eine gravierende Wachstumshemmung, viele drohten abzusterben und mussten genutzt werden. Dieses Buch hätte fast ein Nachruf auf sie werden können. Doch tatsächlich wurde ihr bedrohliches Signal, das letzte sogenannte ›Tannensterben‹, in Deutschland politisch gehört und entschlossen gehandelt.

Der Forst als Schlachtfeld: Waldschäden am Fichtelberg im Erzgebirge, Bundesarchiv, Dezember 1989.

The Wind of Change

Wie anfangs erwähnt, zeigte seinerzeit die Tanne als erste Baumart das Waldsterben an. Willy Brandts Forderung: »Der Himmel über dem Ruhrgebiet muss wieder blau werden«, wurde damals von vielen Zeitgenossen als ästhetische Kritik an der Luftverschmutzung missverstanden. Tatsächlich mobilisierte das Siechtum der Tanne die sich damals gerade erst etablierende Umweltwissenschaft und -politik und machte klar, dass es so nicht weitergehen konnte und eine Umkehr in der Luftreinhaltepolitik unaufschiebbar wurde. Die Fachwelt bezeichnete die Symptome als ›neuartige Waldschäden‹. Eine Erkrankung allerdings, die vielen verschiedenen und nicht nur einem Schadstoffanteil geschuldet war und die schon ein Jahrzehnt später alle Baumarten ergreifen sollte. Die Medien waren voll mit panischen Berichten. Es bedurfte einer neuen politischen Entschlossenheit. Der damalige Umweltminister Klaus Töpfer nahm die Herausforderung energisch in Angriff und schaffte es in nur wenigen Jahren, die Luftschadstoffe durch technische Maßnahmen deutlich zu senken. Darunter an vorderster Stelle den Anteil von Schwefeldioxid (SO_2), das bei der Verbrennung von Kohle, Gas und Treibstoffen entsteht, und die Hauptursache des damals berühmten ›Sauren Regens‹ war. Mit der Einführung des KFZ-Katalysators, der Entschwefelung der Treibstoffe und Abgaswäsche in Großfeuerungsanlagen der Kohle- oder Gaskraftwerke wurde Deutschland zum weltweit führenden Hersteller von Umwelttechnik und profitiert bis heute davon. Das SO_2 in der Luft konnte in kurzer Zeit drastisch vermindert werden, und schon wenige Jahre später verbesserte sich der Zustand der erkrankten Alttannen. Ihre Jahresringe wurden wieder breiter, der Nasskern verschwand und schlussendlich standen sie gesund da. Sogar ihre verlichteten Kronen, die zuvor einen Großteil ihrer Nadeln verloren hatten, wurden wieder dunkelgrün. Für Biologen und Umweltwissenschaftler ist der gegenläufige Kurvenverlauf einerseits sinkender SO_2-Emissionen in Westdeutschland und andererseits der wieder breiter werdenden Jahrringe frappierend. Beide Kurven kreuzten sich im Jahr 1987, das den Wendepunkt, den politischen Sieg über den Sauren Regen markierte. Die gesellschaftliche Sorge um den Wald, ausgelöst von der empfindlichen und schon fast ausgerotteten Weißtanne, hatte Früchte getragen.

Die Forstwissenschaft, die mit einem Auge in Richtung Ertragssteigerung schielte, obwohl alle anderen Baumarten infolge des steigenden CO_2-Gehaltes der Luft ohnehin schneller wuchsen als gewohnt, forderte indes von der Politik eine ›Kompensationskalkung‹, wie sie es bereits schon einmal in den 50er-Jahren getan hatte, um den Wald zu düngen – damals allerdings erfolglos. Durch Kalkung des Bodens, so die Argumentation, solle die Schwefelsäure im Waldboden neutralisiert und ein ausgeglichenes Säure-Basen-Verhältnis künstlich wiederhergestellt werden. Unter dem Vorzeichen des Waldsterbens erhielten die Waldbesitzer seit den 80er-Jahren Millionen an Förderung für die fragwürdige Kalkmedizin für ein ohnehin überstresstes Waldökosystem – und die Forstwissenschaft lag

Im disziplinierten Fichten-Stangenacker wirkt selbst das Moosgrün unnatürlich. Antonin Hudecek, Im Waldesinneren, *1941.*

wieder einmal falsch mit dieser Forderung. Doch die öffentliche Geldquelle fließt in den meisten Bundesländern seitdem weiter, ohne dass irgendetwas erreicht würde. Man kann im Nachhinein nicht nachweisen, dass die Kalkung eine dauerhafte Genesung der Bäume bewirkt hätte, und nicht etwa nur einen von Kritikern vorhergesagten, sich rasch verflüchtigenden Düngeeffekt. Denn schon fünf Jahre später lässt sich eine Kalkung nirgends mehr nachweisen. Der Regen hat sie dann längst ins Grundwasser gespült, wo sie unser Trinkwasser belastet. Alle Wälder erholten sich seitdem rasch – erstaunlicherweise, ob gekalkt oder nicht. Spätestens vom Beginn des neuen Jahrtausends an wurde der nur vorgeschobene Zweck der Düngung so offenkundig, dass Bayern die Kalkung einstellte und man die Argumentation in allen anderen Bundesländern wechseln musste, um weiter Steuergelder dafür bereitzustellen. Nun sollte die Kalkung gegen den Klimawandel helfen, indem sie die Bäume anregt, eine Handspanne tiefer zu wurzeln. Doch das ist sicher nicht das Problem des Tiefwurzlers Tanne, sondern eher das der flachwurzelnden, labilen Fichtenwälder. Vermutlich deshalb wählte die Schutzgemeinschaft Deutscher Wald 2004 irreführenderweise eine ›Goldene Tanne‹ als Preis für besondere Verdienste um die Kalkung.

Herhalten musste also wieder mal die Tanne anstelle der unpopulären Fichte, deren gesellschaftliche Akzeptanz längst merklich abgenommen hatte. Der Kabarettist Dieter Hildebrandt verulkte in seiner Sendung *Scheibenwischer* die Waldkalkung mit der treffenden Bemerkung »Kalk ist in aller Munde – und in aller Hirne.« Der lustige Preis der Schutzgemeinschaft Deutscher Wald wird in Kooperation mit der Düngekalk-Hauptgemeinschaft (DHG) im Bundesverband der deutschen Kalkindustrie e. V. verliehen. Sie vergeben ihn ausschließlich an Politiker, Wissenschaftler und Institutionen, die sich umsatzsteigernd für die Förderung der überflüssigen und sogar als schädlich erkannten Walddüngung aussprechen. Bemerkenswert bleibt die Wahl der bedrohten Weißtanne als gewillkürte Ikone industrieller Geschäftsinteressen. Tatsächlich aber steht der Frühindikator Weißtanne als von der Natur berufene Ikone für eine andere, nämlich eine naturgemäße Waldwirtschaft, die auf jede Form von Düngung verzichtet.

Doch jede Krise birgt die Chance einer Erneuerung, und die beginnt häufig im Kleinen. Es waren zwei junge Forstamtsleiter im Bayerischen Forstamt Bad Reichenhall und im Staatlichen Forstamt Villingen-Schwenningen im Schwarzwald, die sich nicht damit abfinden wollten, in den allgemeinen Abgesang auf die Weißtanne einzustimmen, und den Kampf gegen die waldbauliche Gleichgültigkeit ihrer jeweiligen Forstverwaltung aufnahmen. Georg Meister in Bad Reichenhall erkannte die ökologische Unersetzbarkeit der Tanne für den Schutz des Hochgebirgswaldes. Der fortschrittliche Bayerische Landwirtschaftsminister Hans Eisenmann (1923–1987), der wenige Jahre zuvor den Nationalpark Bayerischer Wald initiiert hatte, beauftragte ihn 1973, erste Vorplanungen für den späteren Nationalpark Berchtesgaden zu erstellen. Das bot Georg Meister die Chance, den allmählichen Abschied der Tanne im Hochgebirge zu analysieren und die eigentliche Ursache ihres Niedergangs, nämlich das von allen so geliebte, immer zahlreichere Gams-Wild als einen Übeltäter zu identifizieren.

Als Forstamtsleiter erhielt er die große Chance, Strategien zur Gegenwehr zu entwickeln und in Bad Reichenhall eigenhändig in die Tat umzusetzen. Er wollte nicht länger zusehen, wie eine Überpopulation von Gämsen im Hochgebirge die dringend notwendige natürliche Verjüngung des Waldes verhinderte, was unweigerlich zu seiner allmählichen Auflösung führt. Ihm reichten die politisch verpuffenden Mahnungen des bayerischen Rechnungshofes vor den schier ins Unendliche wachsenden Kosten der notwendigen Sanierung der Bergwälder nicht aus, um die Täler vor Steinschlag, Erdrutsch oder Lawinen zu schützen. Er konnte die leeren Versprechungen der

Jagdlobby, die Wildbestände wieder auf ein ökologisch tragbares Maß senken zu wollen, nicht länger mitanhören. Nach seiner unmissverständlichen Devise »Schutzwald geht vor Trophäenzucht und Holzertrag« nahm er den Kampf mit der Jägerschaft auf und begann mit Unterstützung seines Landrats und der Tatkraft von begeisterten Studenten und Jugendlichen, den lückig gewordenen Schutzwald mittels hochpreisiger Tannen-Ballenpflanzen künstlich zu verjüngen. Wegen der hohen Wildbestände zwar mit wechselndem Erfolg, aber schlussendlich mit dem herausragenden Ergebnis, die Landespolitik auf den Erhalt der Schutzwaldungen zu fokussieren. Ein Erfolg, der ihn bei der Jägerschaft wie auch seinen forstlichen Vorgesetzten nicht beliebt machte. Doch nur ein längst in den Ruhestand verabschiedeter Gebirgsförster scheint auch ein guter Alpenschützer zu sein: Meister erhielt erst im Jahr 2019 als 90-jähriger Pensionär verdientermaßen den Alpenpreis. Die Abermillionen, die er mit seiner biologischen Schutzwaldsanierung und seinem vorbildlichen Tannen-Gebirgswaldbau im Muren- und Lawinenschutz, sowie in der Wildbachverbauung dem Land Bayern gegen breiten Widerstand erspart hat, bleiben bis heute unberechnet.

Wolf Hockenjos wurde im Jahr 1980 Forstamtsleiter des Staatlichen Forstamtes Villingen-Schwenningen im Schwarzwald. Die Liebe zu den Tannen hatte ihm sein Vater eingepflanzt. Der hatte 1937 als junger Forstassessor im damals längst tannenfreien Kandertal im Markgräflerland einen sich durchmogelnden, urwüchsigen Rest eines Bergmischwaldes mit vitalen, teilweise uralten Tannen entdeckt und war fortan der Weißtanne regelrecht verfallen. Vater und Sohn – zunächst

Der schneebedeckte Weg führt in die Dunkelheit des Fichtenwalds – Wald gewordene Metapher für die Ungewissheit der Zukunft. Caspar David Friedrich, Frühschnee, *1828.*

von Kollegen als Tannennarren belächelt – können sich zugutehalten, die Weißtanne im Schwarzwald in der Landespolitik und im Naturschutz auf die Tagesordnung gesetzt zu haben. 1992 gab die Forstverwaltung schließlich einen Waldbauerlass heraus, der nicht nur ihren Jahrhundertfehler des früheren Plenterverbots korrigierte, sondern dazu aufrief, Plenterwälder zu erhalten und sogar gezielt auszubauen. Man darf ohne Übertreibung sagen, dass das Engagement von Vater und Sohn Hockenjos in Baden-Württemberg maßgeblich dazu beitrug, den Weg in Richtung einer naturnäheren Waldwirtschaft einzuschlagen, von dem die ehemals preußischen, nord- und westdeutschen Landesforsten noch immer meilenweit entfernt sind. Wolf Hockenjos setzte den seit Wilhelm Hauffs Lebzeiten bedrohten Schwarzwälder Tannen, und der von seinem Vater ererbten Tannenliebe mit seinem exzellenten Buch *Tannenbäume* ein fachliterarisches Denkmal, das seinesgleichen sucht. Während er zum Zeitpunkt seines Dienstantritts im Staatswald Villingen, dem Kernrevier, noch einen eklatanten Mangel an Tannen feststellte, konnte zu seiner Pensionierung 2004 der höchste Zugang an Tannenflächen in der südbadischen Forstdirektion verzeichnet werden. Was seinen Erfolg krönte, war die Tatsache, dass sogar der sonst unerlässliche Zaunschutz gegen den Verbiss des Rehwildes unterbleiben konnte. Denn den wahren Kampf ihres Lebens hatten beide Hockenjos', wie zeitgleich Georg Meister in Bad Reichenhall, mit der Jagdlobby auszufechten. Und das in Villingen-Schwenningen wegen eines besonders hartnäckigen Fressfeindes, dem zierlichen Reh, das unter Förstern nicht zufällig den Spitznamen ›Kleine braune Waldschere‹ trägt. Beide Tannenhelden führten tatsächlich einen Windmühlenkampf, den sie aber nicht endgültig bestehen konnten, wie alle ihn nicht gewinnen können, die sich heute um die Vermehrung der Tannen in ihren Wäldern bemühen.

So wie heute Stephan Schusser, Leiter des sächsischen Forstbezirks Eibenstock, dem einstigen Tannen-Kernrevier des Erzgebirges. Das Erzgebirge diente den Medien in der Waldsterbensphase der 70er- und 80er-Jahre als trauriges Beispiel für dahinsiechende Fichtenwüsten und die drohende Entwaldung seiner licht werdenden Höhen. Der 1991 zunächst nur vereinzelt durch schützende Zäune gegen die hungrig knabbernden Hirsche mögliche Waldumbau wurde ab 2000 ohne Zaun fortgesetzt, nachdem zuvor gegen heftigen Widerstand der Rotwildjägervereinigung erlaubt worden war, mehr Wild zu schießen. Inzwischen wurden Tannen gepflanzt und natürlich verjüngt, um aus etwa 25 ha mittelalten Tannenwäldern mit nur noch 274 älteren Tannen eine Fläche von 1850 ha, also 18,5 km^2, mit Tannen zu verjüngen. Eine gewaltige Kraftanstrengung durch künstlichen Tannen-Unterbau auf jährlich einem Quadratkilometer mithilfe von Saaten und kleinflächigen Unterpflanzungen. Wenn diese Arbeit fortgesetzt wird, können im Jahr 2100 wahrscheinlich wieder 20% Tannen im erzgebirgischen Kerngebiet bewundert werden. Ja, wenn das Problem mit dem vermeintlichen König der Wälder, dem Rothirsch, dauerhaft gelöst würde. Er, der eher ein geschlagener Feldherr ist, der sich vor Jägern und der Zivilisation im Wald verstecken muss, erfreut sich im Erzgebirge, einem strukturschwachen, aber touristisch beliebten Wander- und Wintersportgebiet, verständlicherweise besonders vieler Freunde – auch unter Naturschützern.

Es geht aber sehr viel schneller, einen Wald durch waldbauliche Fehler zu verarmen, seine Böden zu schädigen, ihn gar kahlzuschlagen und in Reih und Glied wieder durch einen Pflanzwald zu ersetzen, als sie über Jahrzehnte lange, harte waldbauliche Arbeit zu korrigieren. Wälder erfordern ein ihrem Zeitmaß entsprechendes langfristiges Denken und Arbeiten, weshalb man auch nicht länger warten darf, den waldbaulichen Hebel umzulegen. Die Wahrheit der Natur ist so schlicht wie unerbittlich:

Nur einen Baum kann man pflanzen! Wälder, die diese Bezeichnung im systemischen und ökologischen Sinn verdienen, nicht!

Politiker lieben es, am ›Tag des Baumes‹ öffentlich Bäume zu pflanzen als Placebo gegen die berechtigte Sorge der Bevölkerung. Doch sie schaden dem öffentlichen Waldbewusstsein damit mehr, als dass sie ihm nutzen, denn es sind ökologisch nutzlose Ersatzhandlungen. Dynamisch stabile Wälder lassen sich erst mehr als 80 bis 100 Jahre später durch geduldigen waldbaulichen Umbau mithilfe natürlicher Ansamung unter dem schützenden Schirm der drei Menschengenerationen vorher gepflanzten Kunstwälder erziehen, wenn diese überhaupt so lange durchhalten. Pflanzwälder besitzen kaum Widerstandkraft gegen geringste Umweltveränderung. Ehrliche Waldfürsorge zeigt ein Politiker deshalb dann, wenn er sich mit seinem ganzen politischen Gewicht für den sofortigen kahlschlagfreien und landesweiten Umbau vorhandener Kunstwälder einsetzt.

Hinter dem Leben der drei mutigen Förster, verbergen sich lebenslange Kämpfe gegen wenig ambitionierte Vorgesetzte

Bei seinen Baumstudien in Litzlberg am Attersee meinte der Feriengast Gustav Klimt 1901, Tannen zu malen und erkannte sie vor lauter Holzstämmen nicht als Fichten, die sie waren.

und die Jagdlobby vor Ort, die nicht nur am Stammtisch die Unterstützung ihrer Politiker genießt, sondern bis in die Parlamente hinein. Forstliche Karriere und engagierte Waldliebe schließen sich in den Spitzen der Landesforstbetriebe mitunter sogar aus. Noch immer, so anlässlich des aktuellen Waldsterbens ›2.0‹ der Jahre 2018/19, wird die Wiederaufforstung von Altersklassenwäldern durch fragwürdigen Pflanz-Aktionismus mit Hunderten von Millionen an Steuermitteln gefördert, während indessen der schonende Umbau vorhandener Wälder leer ausgeht. Es sollen zum ökologischen Anschein verstärkt Mischwälder gepflanzt und gefördert werden, obwohl diese fast ausschließlich nur über die Plenterung dauerhaft erzeugt werden können. In den vergangenen Jahren wurden zudem die Forstreviere drastisch vergrößert, um Personal ausgerechnet an der Waldbaubasis einzusparen. Ein Plenterbetrieb braucht aber den Förster vor Ort, der die im Wald einzeln und räumlich verteilt zu fällenden Bäume mit der Hand anzeichnet. Die Waldarbeiter, die man für das sorgsame Fällen dieser Bäume braucht, wurden erst vor wenigen Jahren ausgesteuert und durch die Böden verdichtenden Forstmaschinen ersetzt. Die wegen der Anschaffung dieser Großmaschinen heute hoch verschuldeten Kleinunternehmer, die forstlichen Dienstleister, haben sich dazu auf die Zusicherung der Langfristigkeit staatlicher Einschlagsaufträge verlassen, womit man sich ein neues Problem geschaffen hat, will man den Hebel umlegen. Ja, selbst die Anzahl der Forstwirte, der früheren Waldarbeiter, und die zu ihrer Ausbildung notwendigen Waldarbeitsschulen wurden auf ein minimales Niveau heruntergefahren. Dies macht es heute umso schwerer, junge Menschen für den körperlich fordernden, aber anregenden Beruf in der Natur zu gewinnen.

Wenn die Hauptprobleme der genannten Beispiele eines tannenfreundlichen Waldbaus die Gams im Hochgebirge, das Reh im Schwarzwald und im Erzgebirge der Hirsch sind, muss es eine gemeinsame, länderübergreifende Ursache geben: falsch konstruierte Jagdgesetze. Alle Jagdgesetze des Bundes und der Länder leiten sich inhaltlich – und in Teilen sogar wörtlich – vom NS-Reichsjagdgesetz Hermann Görings aus dem Jahr 1934 ab. Es basierte auf der völkischen Ideologie der Weidgerechtigkeit. Ein ideologischer Gesetzesbegriff, hinter dem sich der völkische Blickwinkel der rassischen Selektion auf die wildlebende Tierwelt aus angeblich urdeutschem Naturrecht verbirgt. Tatsächlich ist Jagd die Nutzung der wildlebenden und jagdbaren Tierwelt unserer Kulturlandschaft und damit selbst nur von ihr abgeleitet und abhängig; sie steht deswegen mit allen anderen Landnutzungen im gleichen Rang. Das erfordert, dass allein der ›vernünftige Zweck‹, der Zustand der Kulturlandschaft, vorgibt, wann und wie viel Wild geschossen werden muss, um einen ökologisch tragfähigen Wildbestand zu erhalten. Geschieht das, profitiert niemand mehr als der Jäger selbst, denn die Antwort einer intakten Kulturlandschaft ist immer eine reich gebärende jagdbare Tierwelt, die er nutzen darf und soll. Das heißt: Es braucht den Jäger sowohl für die Einführung naturgemäßer Wirtschaft im Wald wie auch danach. Doch dazu brauchen wir neue Jagdgesetze, die dieses Denken in praktikable, ideologiefreie Regeln übersetzen und sie endlich von der überkommenen Selektions- und Zuchtideologie befreien, die sich in der Trophäenjagd manifestiert.

Jacob Philipp Hackert, Hofmaler Ferdinands IV. von Neapel, reiste 1801 in die Toskana, um beim Kloster Camaldoli den efeuumrankten Stamm einer gewaltigen Weißtanne zu zeichnen.

Warum ist eine Rückkehr der Weißtanne so wichtig? Unsere naturfernen Kulturökosysteme, zuvorderst der Wirtschaftswald, stehen unter erheblichem Anpassungsdruck des Klimawandels. Bei uns ist die Artenvielfalt aber maßgeblich vom Zustand unserer Kulturlandschaft abhängig. Sie ist deswegen von der Naturferne unserer Kulturökosysteme am stärksten betroffen. Die Roten Listen zeigen den bedrohlichen Verlust an Arten und Biotopen deutlich an. Die Folgen für die Kulturlandschaft und damit für uns Menschen sind vielleicht noch abzumildern, wenn heute reagiert würde. Die Lebensfreundlichkeit unseres vom Wald geprägten Globus und seine Biosphäre, das lernt die Politik im Schnellkurs der aktuell stark zunehmenden Waldkatastrophen von Australien über Sibirien bis zum Amazonas, sind ohne einen effektiven Waldschutz wie einen anderen Umgang aller Länder mit ihren Wirtschaftswäldern nicht zu bekommen. Den Menschen werden inzwischen die gravierenden Folgen des Klimawandels bewusst. Es ist darum ein guter Zeitpunkt, den Landbau, die Tierproduktion, die Forstwirtschaft und die Jagd neu zu durchdenken und ›naturgemäß‹ zu gestalten. Die Rückkehr zu heimischen Baumarten ist dazu im Wald zwingend, weil sie von Natur aus in unseren Breiten ausreichend klimaanpassungsfähig sind. Das gilt vor allem für die Buche mit ihren Mischbaumarten wie Eiche, Ahorn, Esche, Ulme, Kirsche etc. Und es gilt umso mehr für die Weißtanne. Sie ist eine Baumart der europäischen Gebirgsregionen und hat deswegen zahlreiche Lokalrassen, die Sommertrocknis ertragen, und sie kann im Hügelland und in der Ebene anstelle der Fichte, im Mehrgenerationenhaus von Buchenmischwäldern, ausgezeichnetes Nutzholz produzieren. Sie sollte die Ikone eines anderen Umgangs der Forstwirtschaft mit dem ihr anvertrauten Wirtschaftswald werden – und damit zum forstlichen Lichterbaum. Schließlich geht es um nichts weniger als die biologische Leistungs- und Kompensationsfähigkeit unserer Kulturlandschaft in einer von Menschen verursachten Krise unserer Biosphäre.

Ebendas formuliert das Gedicht eines unbekannten Forstmanns, vorgetragen auf der Jahrhundertfeier des schweizerischen Forstvereins 1943 im Festspiel *Dürsrüti*, das den Namen eines in Europa berühmten Tannen-Plenterwaldes im Emmental trägt. Die Verse besingen die Weißtanne als Ikone dieses notwendig anderen Umgangs mit unseren Wäldern schon zur Nachkriegszeit. Mögen Sie sich demnächst bei Ihrem besinnlichen Blick auf Ihren weihnachtlichen Welten- und Lichterbaum an diese Zeilen des in Deutschland bisher unbekannten Gedichts erinnern:

Der Baum

Du senkest hundert Wurzeln, edler Baum,
Dem Saft entgegen in die dunkle Erde,
Und greifst mit hundert Ästen in den Raum,
Auf dass dir auch die Kraft des Lichtes werde.

Bist du aus einem Korne nicht entsprungen,
Wer weiß von welchem Winde her geweht?
Der Keim, in eine Schale einst gezwungen,
Du bist's, der da vollendet vor mir steht.

Und stehst so ruhevoll in deiner Reife.
Dein Same ist's, den jetzt der Wind verstreut,

Dass wieder keimend er ins Erdreich greife,
Und abermals das Wunder sich erneut.

In dir erfüllt Vergehen sich und Werden,
Was ewig kommt und schwindet, wächst und fällt.
Was Dauer und was Wechsel ist auf Erden,
Du stellst es dar,
du bist das Bild der Welt.

Weißtanne

Abies alba (A. pectinata)

European silver fir

Sapin pectine

Der silbrig bis weiß schimmernde Stamm verleiht ihr den Namen. Sie ist unser mächtigster europäischer Baum, denn er wächst von Natur aus nur in Europa in der Höhenstufe von 400 bis ca. 900 m und in süd- und südosteuropäischen Gebirgen auch bis 1400 m ü. NN. Hinsichtlich ihrer Standortansprüche ist sie nahezu ein Allerweltsbaum, das heißt, sie kann so ziemlich überall wachsen. Wenn sie das in der Ebene und im Hügelland bisher nicht tut, so gibt es zwei Ursachen. Zum einen kam sie erst ab ca. 3500 Jahre v. Chr. aus ihren südlichen Refugien nach der Eiszeit in den Norden zurück, also etwa zeitgleich zur Besiedlung durch die frühen Landbauern der Jungsteinzeit. Zum anderen ist sie ein wahrer Leckerbissen für alle Wildarten und natürlich auch für das früher im Wald gehaltene Vieh. Dass sie ab 1700 zusammen mit den natürlichen Bergmischwäldern beinahe verschwand, verdankt sie dem frühen Raubbau und der sich deswegen herausbildenden Forstwirtschaft mit ihrem schlagweisen Altersklassenwald. Denn sie hat es gerne wohlig und behütet. Sie wächst dann gemischt, weitgehend ohne Schädlinge und Kalamitäten, in einem Mehrgenerationenhaus mit alten und jungen Buchen, Fichten, Kiefern und Ahornen zusammen heran und verweigert sich der schlagweisen Bewirtschaftung unserer Kunstwälder. Sie hält unserer Fortwirtschaft den Spiegel ihrer Naturferne vor. Denn hat sie es wohlig, zeigt sie sich gegen Sommertrocknis relativ resistent und ist deswegen im Klimawandel ein echter Hoffnungsbaum.

Spanische Tanne
Abies pinsapo

Spanish fir

Sapin d'Espagne (Sapin pinsapo)

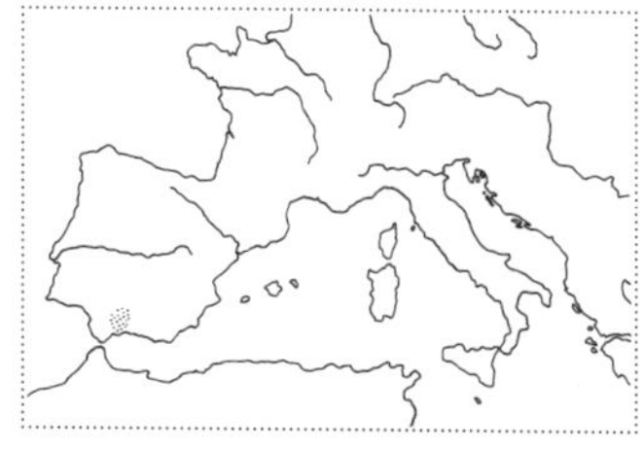

Der bis zu 30 m hohe Baum ist ein Grenzgänger zwischen Afrika und Europa. Seine sehr kleinen Restvorkommen liegen jeweils oberhalb von 1000 m bis max. 1500 m ü. NN. im südlichsten Gebirgszug Spaniens, den Cordilleras beticas, und bis max. 2000 m ü. NN im gegenüberliegenden, marokkanischen Rif-Gebirge nur 70–120 km entfernt. Insgesamt ist er dort auf zahllose Kleinvorkommen mit insgesamt weniger als 5000 ha verteilt. Seine Nadeln sind radial um den Jahrestrieb angeordnet, weswegen der Trieb rund aussieht, wie im naiven Stil gemalt. Die gleiche Symmetrie weist sein Stammquerschnitt auf. Seine Jahrringe sind abwechselnd deutlich hell/dunkel gezeichnet, wie man sie nicht schöner zeichnen könnte. Seine Standorte sind durch hohe, meist winterliche Niederschläge bis zu 2000 mm im Jahr wie andererseits durch trockene mediterrane Sommer bestimmt. Entsprechend sind seine sehr kleinen Restvorkommen durch Waldbrand hoch gefährdet – und mit ihm auch die in ihren Wäldern lebenden letzten spanischen Wildziegen. Kreuzungsbastarde mit der Weißtanne finden wir nicht selten als ästhetisch attraktive Parkbäume in europäischen Parks und Schlossgärten.

Griechische Tanne
Abies cephalonica

Greek fir

Sapin de Cephalonie

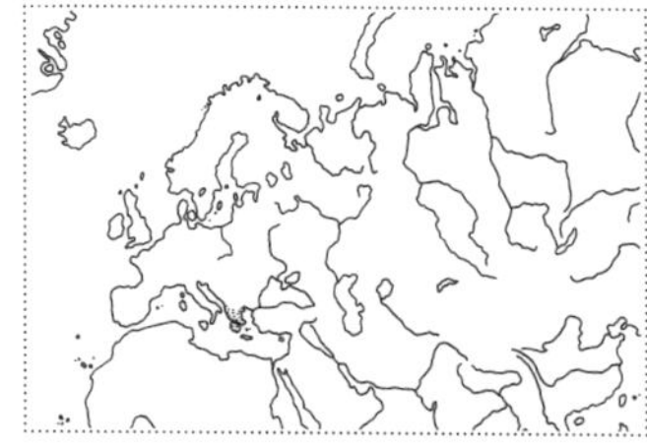

Ihren lateinischen Namen hat die Griechische Tanne, weil sie zunächst als eigene Art auf der Insel Kefalonica beschrieben wurde. Tatsächlich wächst sie verteilt auf zahlreiche, gefährdete Kleinvorkommen auch auf dem griechischen Festland. Auch deswegen steht sie auf der Weltliste bedrohter Bäume. Zu den Bedrohungsfaktoren zählen Überweidung, Tourismus, Waldbrand, Immissionen und nicht zuletzt Schadinsekten. Der bis zu 30 m hohe Baum, der dann 60–80 cm dick sein kann, lässt sich wie die Weißtanne und Fichte gut zu Nutzholz verarbeiten. Entsprechend seiner mediterranen Herkunft vermag er extreme Sommertrockenheit auch dank seiner kräftigen und tiefen Pfahlwurzel sehr gut zu verkraften. Die Griechische Tanne wächst allerdings langsam und nur in den beiden feuchtesten Monaten eines Jahres. An ihren ökologisch schwierigen Standorten wird sie von einer Vielzahl von Mykorrhiza-Pilzen unterstützt. Darunter eine Reihe von Arten, die auch bei der Weißtanne zu finden sind. Ihr ökologisches Optimum liegt zwischen 1000 und 1800 m ü. NN und bildet mitunter die Baumgrenze des Hochgebirges. Sie lässt sich gut mit ihren europäischen Schwestertannen kreuzen und ist in der Jugend ausgesprochen heterotisch, d. h. ihr Wachstum übertrifft dann sogar das der mit ihr gekreuzten Tannen. Ihr breites genetisches Potenzial macht sie zum züchterischen Forschungsobjekt vor allem in Frankreich und, mit Blick auf den Klimawandel, auch bei uns.

Große Küstentanne (Riesentanne)

Abies grandis

Grand fir

Sapin de Vancouver

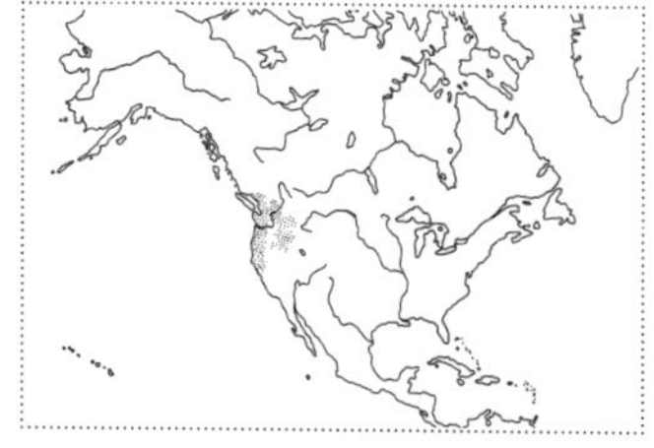

Sie ist, wie ihr Zweitname schon sagt, der Riese unter den rezenten Tannenarten auf dem Globus. Ihr natürliches Vorkommen beschränkt sich auf den westlichsten Teil Nordamerikas und dort auf zwei sehr unterschiedliche Teilgebiete, einerseits die inländischen und andererseits die westlichsten, dem Pazifik zugewandten, regenreichen Gebirgsstandorte der Kaskaden in Höhen von bis zu 1600 m ü. NN. Sie erreicht ein Höchstalter von nur ca. 250 Jahren und kann auf der pazifischen Seite bis zu 85 m hoch werden mit einem Stammdurchmesser von bis zu 2,50 m, was einem Stamminhalt von 60–80 m^3 entspricht (im Vergleich dazu: nur 1–2 m^3 Stamminhalt des durchschnittlichen Erntestamms im deutschen Altersklassenwald). Ihre Nadeln sind, ähnlich wie bei unserer Weißtanne, zweiseitig gescheitelt, obwohl sie rund um den Trieb wachsen, aber deutlich länger, nämlich bis zu 55 mm lang, sind. Riecht unsere Weißtanne angenehm, werden Sie die Große Küstentanne ungern riechen. Ihr Harz verströmt einen unangenehmen Geruch so wie auch ihr Holz, weswegen es nur als Papierholz und für sonstige industrielle Verwendungen genutzt wird. Versuche, sie wegen ihrer potenziell riesigen Massenleistung in Europa anzubauen, haben sich u. a. wegen ihrer starken Anfälligkeit gegen Hallimasch-Pilze als schwierig erwiesen. Sie erlebt zurzeit eine neue Akzeptanz in Deutschland als vermeintlich klimaharte Baumart, womit die Forstwirtschaft zu erkennen gibt, worum es ihr geht, nämlich um preiswerten Massenrohstoff.

Nordmannstanne (Kaukasus-Tanne)

Abies nordmanniana

Caucasian fir (Nordmann fir)

Sapin de Nordmann

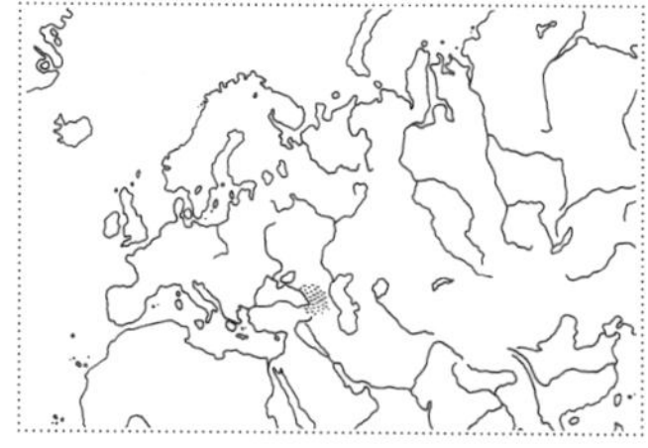

Die Nordmannstanne ist inzwischen unser liebster Weihnachtsbaum und kommt insofern nicht aus ihrer Heimat in unser Wohnzimmer, sondern aus Plantagenanbauten Dänemarks und Norddeutschlands. Zwar kommt sie insofern dann aus dem Norden, trägt aber ihren Namen wegen ihres botanischen Erstbeschreibers, dem finnischen Biologen Alexander von Nordmann (1803–1866). In seiner ursprünglichen Heimat, dem Kaukasus, wird der Baum bis zu 50 m hoch. Er wächst wie unsere Weißtanne gerne im Mehrgenerationenhaus behütet auf, mit Orientalischer Buche, Kiefer und der Orientalischen Fichte zusammen. Die Nordmannstanne hat, wie viele der rezenten Tannenarten, ebenfalls nur verstreute, sogenannte disjunkte, kleine Vorkommen, so im Pontischen Gebirge mit insgesamt nur ca. 13 000 ha. Sie wächst in Meereshöhen von 800–2400 m und zeigt sich unter ihren natürlichen Wuchsbedingungen als ziemlich resistent gegen Schädlinge und Kalamitäten. Ihre natürlichen Areale sind durch ganzjährig hohe Luftfeuchte geprägt. Es lässt sich tatsächlich sagen, dass sie wegen unserer weihnachtlichen Vorliebe für sie vor dem Raubbau geschützt ist. Denn die im Herbst am stehenden Baum in großer Höhe geernteten Zapfen zur Samengewinnung, haben sich für die lokale Bevölkerung zu einer wichtigen Erwerbsquelle entwickelt. Allemal besser als ihr Einschlag für die kaukasische Papier- und Zellstoffindustrie, die sie natürlich lieber wegen ihres Holzes einschlagen würde, was aber zu ihrem sicheren Aussterben führen würde.

Pazifische Edeltanne (Nobilis)

Abies procera (A. nobilis)

Noble fir

Sapin noble

Ihre Heimat ist das Kaskadengebirge Nordkaliforniens, Oregons und Washington State. Sie ist der Schönling unter den Tannen, wie ihr Name andeutet – edel und rar. Denn sie ist von allen amerikanischen Tannenarten die seltenste, häufig sogar nur vereinzelt in den riesigen und gewaltigen Naturwäldern anzutreffen. Man könnte sie als amerikanische Schwester der Weißtanne bezeichnen, denn sie wächst wie diese in der Jugend gerne auf humosen, feuchten, aber nie nassen Böden und lieber behütet und möglichst immer im Mehrgenerationenhaus heran. Dafür aber ist sie im Alter ausdauernd, stabil und so langlebig wie unsere Weißtanne; auch ist ihr Holz ähnlich vielseitig zu verwenden. Natürlich ist sie dennoch Amerikanerin durch und durch, nämlich groß, mächtig, dominant und raumgreifend. Man kann sie ausgewachsen mit ca. 80 m im Alter von bis zu 600 Jahren kaum übersehen. Die an Edeltannen reichen Wälder weisen die höchsten Bio-Massenvorräte auf, die es im globalen Maßstab überhaupt gibt, so am Mount St. Helens (WA) mit über 5000 m^3/ha (zum Vergleich im Fichten-Altersklassenwald nur ca. 600 m^3/ha). Am beeindruckendsten aber sind ihre benadelten Triebe – die wie mit Haarfestiger fixiert und mit dem Föhn steil nach oben frisiert sind. Sie sieht aus wie aus einem Bilderbuch, weswegen sie als Zierbaum in herausgeputzten Gärten und ihr Tannengrün gern als Schmuckreisig verwandt wird. Sie ist eben von Adel, nicht nur ihres Namens wegen.

Kolorado-Tanne (Grautanne)
Abies concolor

Colorado fir (White fir)

Sapin concolor

Ihren lateinischen Namenszusatz *concolor* (deutsch: gleichfarbig) trägt die Kolorado-Tanne wegen ihrer für Tannen untypischen, gleichfarbigen Ober- und Unterseite ihrer Nadeln. Ihre im Vergleich zur Edeltanne deutlich längeren Nadeln sind nicht so exakt nach oben frisiert wie bei ihrer viel größeren Schwester. Was sie aber mit dem Gleichmaß ihrer umso ebenförmigeren, stets pyramidalen Gestalt auszugleichen vermag. Die Silhouette der maximal 50 m hohen Kolorado-Tanne nutzen Gartenarchitekten gern, um sie als geometrisch gleichförmigen Blickfang in Parks zur Wirkung zu bringen. Ihr zerklüftetes, natürliches Areal in der westlichen Hälfte der USA ist durch zwei Klimate geprägt, die ihre Eigenschaften bestimmen. Zum einen die dem Pazifik angrenzenden Hochgebirge mit hohen Niederschlägen und Schnee und zum anderen die Inlandsvorkommen mit großer Trockenheit und Frost. Sie wächst in Meereshöhen von 1200–2700 m und – wie die meisten Tannen – bevorzugt im Mehrgenerationenhaus unterschiedlichster Baumarten. Wenn eine Baumart sich als Exot für die in Zukunft ausfallenden Fichtenbestände bei uns anbietet, dann am ehesten ihre Inlandsherkünfte, die mit weniger als 550 mm/a Niederschlag und extremer Sommertrockenheit auskommen und sich gleichzeitig als ziemlich frosthart erweisen. Doch sie ist ein gutes Beispiel dafür, dass man Bäume nicht ohne Weiteres in andere Umwelten verbringen darf, denn trotz ihrer anscheinend klimatischen Vorteile sind Versuchsanbauten in Europa bisher ausnahmslos kläglich gescheitert.

Gemeine Fichte (Rotfichte, Rottanne)

Picea (P. abies, P. excelsea)

Common spruce

Epicea commun

Die deutlich stacheligere Fichte ist – auch wegen ihrer seit rund 170 Jahren gebräuchlichen Nutzung als Weihnachtsbaum – die illegitime Schwester unserer Weißtanne, die sogenannte Pseudotanne. Freilich kann sie nichts dafür, sondern eine Forstwirtschaft, die sie auf Standorte verbrachte, wo sie zwar schon von Beginn an große Probleme hatte, aber angesichts des Klimawandels vollends versagt. Von der Weißtanne kann man sie, sobald sie Zapfen ansetzt, gut unterscheiden. Denn sie hängen am Zweig, wo sie jederzeit vom Boden aus gut zu erkennen sind. Ihr Hauptvorkommen ist die Borealis, d. h. die extrem kalten kontinentalen Klimate Sibiriens. Bei uns kam sie einst als Begleiter der Tanne nur in den heimischen Bergmischwäldern oberhalb von 800 m vor, wo ihr auch der Borkenkäfer bisher nichts anhaben konnte. Überlegen war sie der Tanne aber nur in noch höheren Lagen. Für solche eher kargen Gebirgsstandorte ist sie von Natur aus gut vorbereitet mit ausgeprägter Frosthärte und einem Flachwurzelsystem, das nur ca. 20–30 cm tief in den Boden vordringt und sich wie mit einer ausgreifenden Kralle im steinigen Gebirgsboden festzuhalten vermag; eine Fähigkeit, die bei Sommertrockenheit und in tiefgründigen, lockeren Böden der Ebene und des Hügellandes zur Hypothek wird. Die Forstwirtschaft glaubte 200 Jahre lang, ökologisch unbelehrbar, an die Fichte, ihren vermeintlichen Brotbaum, mit dem sie hoffte, nachhaltig zu sein – bis sie inzwischen wie ein Kartenhaus zusammenstürzt und sich zum Notbaum entwickelt.

Blaufichte (Blautanne, Stechfichte)
Picea pungens glauca

Blue spruce (colorado blue spruce)
Epicea de Colorado

Ihre Heimat sind die zentralen, kontinentalen Gebiete der Rocky Mountains im Westen der USA. In ihrem Kerngebiet Colorado wurde sie zum Nationalbaum erklärt – unabhängig von ihrer ausgesprochen unangenehmen Art, sich besser nicht ohne Handschuhe berühren zu lassen. Sie bestraft das Anfassen mit der bloßen Hand umgehend mit heftigem Piksen. Trotzdem wurde sie im tannenbaumverliebten Deutschland vorwiegend in den 60/70er-Jahren zum Wohlstandsbaum nicht nur im weihnachtlichen Wohnzimmer, sondern wegen ihrer blauen Nadelfarbe auch als langsam wachsender, immer-bläulicher Zierbaum in den blitzblank gepflegten Vorgärten unserer Nachkriegsvorstädte. Ihr Holz ist weniger gut verwendbar und mancher Eigenheimbesitzer hat sie deswegen, nachdem sie ihm doch irgendwann zu mächtig wurde, gefällt und als Schmuckreisig an die örtliche Gärtnerei verkauft. Als Weihnachtsbaum hatte sie den erzieherischen Vorteil, dass die Kinderhände sie lieber verschonten und sie deswegen manchen Wohnungsbrand verhinderte, solange man noch echte Kerzen abbrannte. Als dann elektrische Baumkerzen in Mode kamen, war sie bereits durch die Nordmannstanne aus den Stuben weitgehend verdrängt worden und, im Gegensatz zu ihr, ist sie ja in Wahrheit eine Fichte. Ihr lateinischer Name beschreibt ihre Eigenart: *Picea* (deutsch: die Fichte) *pungens* (stechend) *glauca* (blau). Sie hat mit eben diesen Eigenschaften beigetragen, unsere Hausgärten als sterile, tote, aber pflegeleichte Blau-Grünkulisse zu inszenieren – nämlich ohne jegliche Natur.

Douglasie (Douglas-Fichte)

Pseudotsuga menziesii (P. douglasii)

Douglas fir

Le douglas (Sapin de douglas)

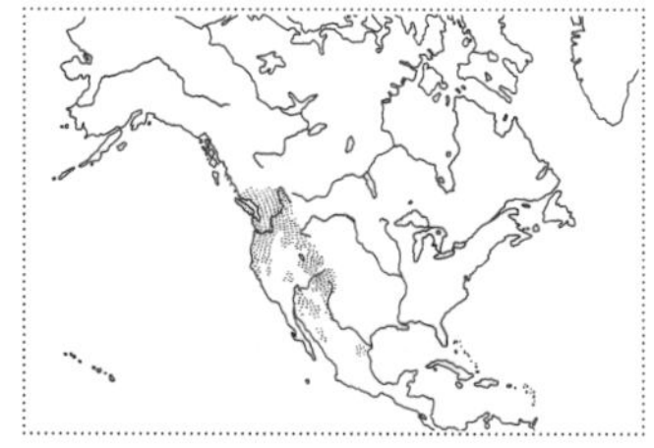

Sie ist der Traum deutscher Forstleute, wächst sie doch rascher als alle heimischen Nadelhölzer, liefert gutes Konstruktionsholz und hat sich als Baum im Altersklassenwald mit Einschränkungen bewährt. Ihren deutschen Namen trägt sie, weil der schottische Botaniker David Douglas 1827 erstmals ihren Samen mit nach Europa brachte. Douglasien bilden eine eigene Gattung innerhalb der Familie der Pinaceae mit nur wenigen rezenten Spezies in China, den USA und Japan. Zuhause ist sie in den westlichen Gebirgen der USA, den Rockies und im Kaskadengebirge, wo sie bis zu 130 m hochwachsen und bis zu 1400 Jahre alt werden kann. Das macht sie begehrt und den Waldbesitzer, mit Dollarzeichen in den Augen, unvorsichtig. Nach ihren Herkunftseigenschaften werden die langsam wachsende Gebirgs- und die schnell wachsende Küstendouglasie unterschieden, was für ihren Anbau in Europa hieße, hier am ehesten die langsam wachsende vorzuziehen und nicht, wie häufig, die gierig machenden Küstenherkünfte. In tiefgründigen Böden entwickelt sie ein gut verzweigtes Herzwurzelsystem, das ihr zu guter Standsicherheit verhilft und sie auch in dieser Hinsicht als Super-Brotbaum dem Notbaum Fichte überlegen macht. Auch führt sie im Gegensatz zu ihr nicht zur Versauerung der Oberböden. Gleichwohl zeigen sich ihre schnell wachsenden Küstenherkünfte bei uns als anfällig auf der Freifläche. So ist und bleibt es ein Baum mit einigen Fragezeichen, der im naturnahen Dauerwald als standortfremde Baumart immer nur maximal 30 % Mischungsanteil einnehmen sollte.

Literaturverzeichnis

Walter Ammon: ***Das Plenterprinzip in der Waldwirtschaft,*** Bern und Stuttgart 1951.

Johannes Blankmeister und Eberhard Hengst (Hrsg.): ***Die Fichte im Mittelgebirge,*** Radebeul 1971.

Wilhelm Bode: »Die anerkannten Grundsätze Deutscher Weidgerechtigkeit gem. § 1 Abs. 3 BJagdG – ein trojanisches Pferd der völkischen Rechtserneuerung im Jagdrecht?«, in: *Jahrbuch für Agrarrecht* 2015, S. 33, München 2016.

Wilhelm Bode (Hrsg.): ***Naturnahe Waldwirtschaft. Prozessschutz oder biologische Nachhaltigkeit,*** Holm 1997.

Wilhelm Bode und Martin von Hohnhorst: ***Waldwende. Vom Försterwald zum Naturwald,*** 4. Auflage, München 2000.

Bernd Brunner: ***Die Erfindung des Weihnachtsbaums,*** Berlin 2011.

Karl Dannecker: ***Aus der hohen Schule des Weißtannenwaldes,*** Frankfurt a. M. 1955.

Alexandre Dumas: ***Eine Reise an die Ufer des Rheins im Jahr 1838,*** übers. von Hanne Holzhäuer, München 1999.

Julius Fröhlich: ***Urwaldpraxis. 40jährige Erfahrungen und Lehren,*** Radebeul und Berlin 1951.

Robert Gernhardt: »Rätsel«, in: *Weihnachten mit Robert Gernhardt*, Frankfurt a. M. 2018.

Wilhelm Hauff: ***Das kalte Herz. Und andere Geschichten,*** Köln 2007.

Hermann Hesse: »Schwarzwald«, aus: *Sämtliche Gedichte,* Frankfurt a. M., 1992.

Wolf Hockenjos: ***Tannenbäume. Eine Zukunft für Abies alba,*** Leinfelden- Echterdingen 2008.

Manfred Horndasch: ***Die Weißtanne (abies alba Mill.) und ihr tragisches Schicksal im Wandel der Zeiten,*** Augsburg 1993.

Victor Klemperer: ***Ich will Zeugnis ablegen. Tagebücher 1933–1945,*** Berlin 2015.

Hans Leibundgut: ***Europäische Urwälder der Bergstufe,*** Bern, Stuttgart 1982.

Claus-Peter Lieckfeld: ***Tatort Wald. Von einem, der auszog, den Forst zu retten,*** Frankfurt a. M. 2006.

Rainer Maria Rilke: »Advent«, in: *Winter*, Frankfurt a. M. 2012.

Thomas Lindemann, Wolfram Metzger: ***Oh! Tannenbaum: der Deutschen liebster Baum,*** Karlsruhe 2003.

Emil Adolf Roßmäßler: ***Der Wald. Den Freunden und Pflegern des Waldes geschildert,*** Leipzig / Heidelberg 1881.

Else Lasker-Schüler: »Weihnachten«, in: *Verse und Prosa aus dem Nachlass*, München 1961.

Peter Schütt: ***Tannenarten Europas und Kleinasiens,*** Landsberg am Lech 1994.

Peter Schütt, Hans Joachim Schuck, et. al.: ***Lexikon der Baum- und Straucharten,*** Hamburg 2002.

Peter Schütt, Hans Joachim Schuck, et. al.: ***Lexikon der Nadelbäume,*** Hamburg 2008.

Annette Seemann: ***Lichterglanz und Tannengrün,*** Weimar 2018.

Aleksia Sidney (Hrsg.): ***O Tannenbaum. Gedichte und Geschichten vom ewigen Grün,*** Hamburg 2015.

Carl Anders Skriver: ***Der Weihnachtsbaum,*** München 1966.

Barbara Stamer: ***Wilhelm Hauff. Das kalte Herz,*** Braunschweig 2011.

Robert Louis Stevenson: ***Der seltsame Fall des Dr. Jekyll und Mr. Hyde,*** Köln 1999.

Heinrich Reiniger: ***Das Plenterprinzip,*** Graz und Stuttgart 2000.

Richard Wagner: ***Götterdämmerung,*** Stuttgart 1976.

Abbildungsverzeichnis

Seite 75 *Fröhliche Weihnachten.* Historische Postkarte aus der Sammlung des Autors.

Seite 78 *Dr. Martin Luther im Kreise seiner Familie zu Wittenberg am Christabend 1536,* Carl August Schwerdgeburth, 1836.

Seite 81 *Nordmannstanne.* C. A. J. A Oudemans: Neerland's Plantentuin, Vol. 1.

Seite 84 *Schmücken des Weihnachtsbaums.* Unbekannter Künstler.

Seite 87 *Weihnachtstraum.* Ludwig Richter, 1874 © The Trustees of the British Museum.

Seite 90 *Weihnachtsbaum.* 1848.

Seite 93 *Weihnachten im Feld!* Adolf Franz Theodor Münzer, München 1914.

Seite 94 *O Tannenbaum im deutschen Raum, wie krumm sind deine Äste!* John Heartfield, 1934 © The Heartfield Community of Heirs / VG-Bild Kunst, Bonn, 2020.

Seite 96 *Dicke Tannen.* Historische Postkarte aus der Sammlung des Autors.

Seite 99 *Motiv aus dem Wienerwald.* Joseph Holzer, 1876.

Seite 102 *Ansicht der Raupen-Wirtschaft in dem großen Altdorfer Wald 1840.* Johann Georg Bayer.

Seiten 104/105 *Gebirgslandschaft (unvollendet).* Caspar David Friedrich, um 1835.

Seite 108 *Abhang im Tannenwald,* Johann Wilhelm Schirmer, 1835.

Seite 111 *Waldlandschaft mit Eremit.* Roelant Savery, 1608.

Seite 114 *Waldschäden südlich des Fichtelgebirges.* © Bundesarchiv, Bild 183-1989-1206-012.

Seite 117 *Im Waldesinneren.* Antonín Hudeček, 1941.

Seite 121 *Frühschnee.* Caspar David Friedrich, um 1827.

Seite 125 *Tannenwald I.* Gustav Klimt, 1901.

Seite 128 *Sapin.* Jacob Philipp Hackert, 1801.

Seiten 132–151 Illustrationen von Falk Nordmann, Berlin 2020.

Wilhelm Bode, 1947 in Westfalen geboren, ist Jurist und Diplom-Forstwirt, auf dessen Initiative 2004 als Leiter der saarländischen Naturschutzbehörde die Ausweisung der deutschen Buchenwälder zum UNESCO-Weltnaturerbe zurückgeht. Er veröffentlichte u. a. *Waldwende*, *Hirsche – Ein Portrait* und gibt bei Matthes & Seitz Berlin die Jubiläumsschrift zu A. Möllers *Dauerwaldgedanke* (1920) heraus.

NATURKUNDEN № 67
Zweite Auflage Berlin 2023

NATURKUNDEN
herausgegeben von Judith Schalansky
erscheinen bei Matthes & Seitz Berlin
ermöglicht durch Jan Szlovak, Hamburg

EINBAND UND TYPOGRAFIE Pauline Altmann, Berlin
nach einem Entwurf von Judith Schalansky
TITELILLUSTRATION Pauline Altmann, Berlin
SCHRIFT Ingeborg von Michael Hochleitner / Typejockeys
LITHOGRAFIE Tomas Mrazauskas, Berlin
HERSTELLUNG Hermann Zanier, Berlin
PAPIER 100 g/m² Fly 04 hochweiß, 1,2-faches Volumen
EINBANDMATERIAL Napura® Khepera von
Winter & Company GmbH, Lörrach
DRUCK UND BINDUNG Pustet, Regensburg

ISBN 978-3-95757-948-5

www.naturkunden.de
www.matthes-seitz-berlin.de